iPhone
完全マニュアル
2021

iPhone Perfect Manual 2021

JN056344

standards

Cont

e n t s

04

Section 04
iPhoneトラブル
解決総まとめ

ほとんどお手上げの人も
もっと使いこなしたい人も
どちらもしっかり
フォローします

M a n u a l 2 0 2 1

いつも持ち歩いてSNSや電話はもちろん、写真の撮影、動画や音楽のサブスクリプション、ゲーム、地図、ノート、情報の検索……など、数え上げてもきりがないほど多彩な用途に活躍するiPhone。Apple製品らしく直感的に扱えるようデザインされているとはいえ、機能や設定、操作法は多岐にわたる。本書は、iPhone初心者でも最短でやりたいことができるよう、要点をきっちり解説。iOSや標準アプリの操作をスピーディにマスターできる。また、iPhoneをさらに便利に快適に使うための設定ポイントや活用のコツも紹介。この1冊で、iPhoneを「使いこなす」ところまで到達できるはずだ。

はじめにお読みください　本書の記事は2021年4月の情報を元に作成しています。iOSやアプリのアップデートおよび使用環境などによって、機能の有無や名称、表示内容、操作法が本書記載の内容と異なる場合があります。あらかじめご了承ください。また、本書掲載の操作によって生じたいかなるトラブル、損失について、著者およびスタンダーズ株式会社は一切の責任を負いません。自己責任でご利用ください。

電源オンですぐに使えるわけではない
iPhoneの初期設定を始めよう

初期設定の項目はあとからでも変更できる

iPhoneを購入したら、使いはじめる前に、いくつか設定を済ませる必要がある。店頭で何も設定しなかった場合や、オンラインで購入した端末は、電源を入れると初期設定画面が表示されるはずだ。この場合は、P007からの「手順1」に従って、最初から初期設定を進めよう。ショップの店頭で初期設定を一通り済ませている場合は、電源を入れるとロック画面が表示されるはずだ。この場合も、Apple ID、iCloud、パスコードやFace／Touch IDといった重要な設定がまだ済んでいないので、P010からの「手順2」に従って、「設定」アプリで設定を済ませよう。

なお、「手順1」で設定をすべてスキップしたり、設定した内容をあとから変更したい場合も、「手順2」の方法で設定し直すことができる。

「すべてのコンテンツと設定を消去」で最初からやり直せる

初期設定で行うほとんどの項目は、「手順2」の「設定」アプリで後からでも変更できるが、すべての設定をリセットして完全に最初からやり直したい場合は、「設定」→「一般」→「リセット」→「すべてのコンテンツと設定を消去」を実行しよう（P105で解説）。再起動後に、「手順1」の初期設定をやり直すことになる。

起動後に表示される画面で手順が異なる

まずは、iPhone右側面の電源ボタンを押して、画面を表示させよう。画面が表示さない場合は、電源ボタンを長押しすれば電源がオンになる。表示された画面が初期設定画面（「こんにちは」が表示される）であれば、P007からの「手順1」で設定。表示された画面がロック画面であれば、P010からの「手順2」で設定を進めていこう。

初期設定画面（こんにちは）が表示された場合

手順❶ P007へ

ロック画面が表示された場合

手順❷ P010へ

初期設定前に気になるポイントを確認

初期設定中にかかってきた電話に出られる？
iPhoneをアクティベートしたあと（P007 手順4以降）であれば、かかってきた電話に応答できる。着信履歴も残る。（※docomo版で確認。au／SoftBank版では動作が異なる場合があります。）

電波状況が悪いけど大丈夫？
iPhoneのアクティベートには、ネットへの接続が必要になる。電波がつながらない時は、パソコンのiTunes（MacではFinder）と接続してアクティベートすることもできる。ただし、SIMカードが挿入されていないとアクティベートできない。

Wi-Fiの設置は必須？
初期設定はなくてもモバイルデータ通信で進めていけるが、Wi-Fiに接続しないとiCloudバックアップからは復元できない。またWi-Fiがないと、iOSをアップデートできないし、数百MBを超えるサイズのアプリも多いので、用意した方がよい。

バッテリーが残り少ないけど大丈夫？
初期設定の途中で電源が切れるとまた最初から設定し直すことになるので、バッテリー残量が少ないなら、充電ケーブルを接続しながら操作したほうが安心だ。

手順 1 初期設定メニューに沿って設定する

1 使用する言語と国を設定する

「こんにちは」画面を下から上にスワイプする（ホームボタンのある機種はホームボタンを押す）と、初期設定開始。まず言語の選択画面で「日本語」を、続けて国または地域の選択画面が表示されるので「日本」をタップする。

2 クイックスタートをスキップ

「クイックスタート」は、近くにあるiPhoneやiPadの各種設定を引き継いで、自動でセットアップしてくれる機能。乗り換え前の機種がiPhoneならこの機能を利用しよう。ここでは「手動で設定」をタップしてスキップ。

POINT

クイックスタートで自動セットアップする

iPhoneでクイックスタート画面が表示されたら、以前のiPhoneやiPadなど、設定を移行したいデバイスを近づけよう。「新しいiPhoneを設定」画面が表示されるので、「続ける」をタップする。

セットアップ中の新しいiPhoneに青い模様のイメージ画像が表示されるので、この画像を引き継ぎ元の端末のカメラでスキャン。あとはパスコードを入力し、残りの設定を進めていけば各種設定を移行できる。

次ページに

3 文字入力や音声入力を設定する

iPhoneで使用するキーボードや音声入力の種類を設定する。標準のままでよければ「続ける」をタップすればよい。他のものを使いたいなら、「設定をカスタマイズ」をタップして変更しよう。

4 Wi-Fiに接続してアクティベート

Wi-Fiを設置済みなら自宅や職場のSSIDをタップして接続する。Wi-Fiがない場合は「モバイルデータ通信回線を使用」をタップしよう。iPhoneのアクティベートが行われる。続けて「データとプライバシー」画面で「続ける」をタップ。

5 Face IDまたはTouch IDを登録する

画面ロックの解除やストアでの購入処理などを、顔認証で行えるFace ID（ホームボタンのない機種）、または指紋認証で行えるTouch ID（ホームボタンのある機種）の設定を行う。画面の指示に従って、顔や指紋を登録していこう。

6 パスコードを設定する

続けてiPhoneのロック解除やデータ保護に利用する、パスコードを設定する。標準では6桁の数字で設定するが、「パスコードオプション」をタップすれば、自由な桁数の英数字や、自由な桁数の数字、より簡易な4桁の数字でも設定できる。

7
新しいiPhone として設定する

初めてiPhoneを利用する場合は、「Appとデータを転送しない」をタップしよう。iCloudやパソコンにiPhoneのバックアップデータがある場合は、この画面で復元できる。またAndroid端末からデータを移行することも可能だ。

POINT
各種バックアップから復元・移行する

iCloudバックアップから復元	MacまたはPCから復元	Androidからデータを移行

iCloudバックアップ（P030で解説）から復元するには、「iCloudバックアップから復元」をタップ。復元にはWi-Fi接続が必須となる。Apple IDを入力してサインインし、復元するバックアップデータを選択して復元を進めよう。

パソコンでバックアップしたデータから復元する場合は、「MacまたはPCから復元」をタップ。パソコンと接続して、iTunes（Macでは「Finder」）でバックアップファイルを選択し、復元を開始する。

Androidスマートフォンにあらかじめ「iOSに移行」アプリをインストールしておき、「Androidからデータを移行」→「続ける」をタップ。表示されたコードをAndroid側で入力すれば、Googleアカウントなどのデータを移行できる。

8
Apple IDを 新規作成する

Apple IDを新規作成するには、「パスワードをお忘れかApple IDをお持ちでない場合」→「無料のApple IDを作成」をタップする。なお、「あとで"設定"でセットアップ」でApple IDの作成をスキップできる。

POINT
Apple IDを作成 済みの場合は

作成済みの Apple IDとパスワードを入力

すでにApple IDがあるなら、ここでサインインしておこう。新しいApple IDを作成してこのiPhoneに関連付けてしまうと、後で既存のApple IDに変更しても、90日間は購入済みの音楽やアプリを再ダウンロードできなくなってしまう。

9
生年月日と名前を 入力する

生年月日と名前を入力する。生年月日は、特定の機能を有効にしたり、パスワードをリセットする際などに利用されることがあるので、正確に入力しておこう。

10
Apple IDにする アドレスを設定

「メールアドレス」欄に既存のメールアドレスを入力するか、「メールアドレスを持っていない場合」をタップして無料のiCloudメールを作成

普段使っているメールアドレスをApple IDとして利用したい場合は、「メールアドレス」欄に入力すればよい。または、「メールアドレスを持っていない場合」をタップし、iCloudメール（@icloud.com）を新規作成してApple IDにすることもできる。

11
メールアドレスと
パスワードを入力

メールアドレス

メールアドレス aoyama1983a@gmail.com
こちらが新しい Apple ID になります。

Apple IDにするメールアドレスを入力

…ていない場合

Appleのニュース、ソフトウェア・アップデート、およびAppleの製品とサービスに関する最新情報をメールでお知らせします。

パスワード

パスワード
確認
パスワードは8文字以上で、数字および英文字の大文字と小文字を含んでいる必要があります。

Apple IDのパスワードを設定

Apple IDにするメールアドレスを入力して「次へ」をタップし、続けてApple IDのパスワードを設定する。パスワードは、数字／英文字の大文字と小文字を含んだ、8文字以上で設定する必要がある。

POINT

Apple IDのメールアドレスを確認する

設定

青山太郎
Apple ID、iCloud…

タップし、続けて「メールアドレスを確認」をタップ

メールアドレスを確認

iPhoneの設定を完了する ①

お客様の新しい Apple ID として aoyama1982i@gmail.com が先ほど設定されました。このメールアドレスがお客様所有のものであることを確認するために、メールアドレス確認ページで、下記のコードを入力し…

671208 ← メールで届いたコードを確認して入力

お客様がこのメール…
Apple ID に関連付けメールアドレスが設定された場合には、必ず確認が必要となります。このメールアドレスは、確認が完了するまでご利用になれません。

初期設定終了後は、設定のアカウント欄にある「メールアドレスを確認」→「メールアドレスを確認」をタップ。Apple IDとして登録したアドレス宛てにコードが届くので、コードを入力して認証を済ませよう。これでApple IDが有効になり、iCloudやApp Storeを利用可能になる。

12
2ファクタ認証を
設定する

9:41

〈 戻る

電話番号

お使いの電話番号は、SMSまたは音声通話での本人確認に使用されます。

+81

メッセージ料金またはデータ通信料金が発生する場合があります。

タップ

続ける

別の電話番号を使用する

「電話番号」画面で「続ける」をタップすると、このiPhoneの電話番号で2ファクタ認証が設定される。他のデバイスでApple IDにサインインする際は、この電話番号にSMSで届く確認コードの入力が必要になる。続けて利用規約に同意。

13
位置情報やiCloud
キーチェーンを設定

エクスプレス設定

以下の設定が使用できます。または、各設定をカスタマイズすることもできます。

「続ける」で自動設定、「設定をカスタマイズする」で個別設定が可能

…すな
…他の位…
…用…

iPhoneの使用状況とデータを解析できる

iCloudキーチェーン

パスワードやクレジットカード情報を保存すると承認済みのすべてのデバイスで同期して安全かつ最新の状態に保ちます。

キーチェーンの情報は暗号化されるためAppleが読み取ることはできません。

「エクスプレス設定」で「続ける」をタップすると、位置情報サービスなどいくつかの設定が自動で有効になる。続けて、Webサイトやアプリの位置情報をiPhoneやiPad、Mac間で共有できる「iCloudキーチェーン」が設定できるので、「続ける」をタップ。

14
Siriの設定を
済ませる

9:41

〈 戻る

Siri

Siriは話しかけるだけでやりたいことを手伝ってくれます。また、Appやキーボードを使用している際には、話しかけなくてもSiriが提案を出してくれたりします。

Siriを使用するには、サイドボタンを押したままにするか、"Hey Siri"と言います。

タップ

続ける

あとで"設定"でセットアップ

次に、話しかけるだけで各種操作や検索を行える機能「Siri」の設定になるので、「続ける」をタップして機能を有効にしておこう。指示に従って自分の声を登録すると、「Hey Siri」の呼びかけでSiriが起動するようになる。

15
スクリーンタイムと
その他の機能

9:41

〈 戻る

2時間39分

スクリーンタイム

画面を見ている時間についての週間レポートを見て、管理対象にするAppの制限時間を設定できます。お子様のデバイスでスクリーンタイムを使用してペアレンタルコントロールを設定することもできます。

タップ

続ける

あとで"設定"でセットアップ

スクリーンタイムは、画面を見ている時間についての詳しいレポートを表示してくれる機能。「続ける」をタップして有効にしておこう。その他、App解析に協力するかを選択し、True Toneディスプレイも「続ける」をタップする。

16
外観モードを
選択する

9:41

〈 戻る

外観モード

外観モードでライトまたはダークを選択してiOSがどのように調整されるかを確認してください。

9:41　　9:41

ライト　　ダーク
✓

タップ

続ける

外観モードを、画面の明るい「ライト」か、黒を基調にした「ダーク」から選択し、「続ける」をタップ。あとから、夜間だけ自動的に「ダーク」に切り替わるよう設定してすることも可能だ。続けて表示方法も、「標準」か「拡大」から選択しておこう。

17
初期設定を
終了する

18:41

完了!

ようこそiPhoneへ

上にスワイプして使用開始

以上で初期設定はすべて終了。画面を上にスワイプするか「さあ、はじめよう!」をタップすれば、ホーム画面が表示される。初期設定中にスキップした項目は、P010から解説している通り、「設定」アプリであとから設定できる。

手順 2 各項目を個別に設定する

1
ロックを解除して「設定」アプリを起動

店頭で最低限の初期設定を済ませていれば、電源を入れるとロック画面が表示される。パスコードを設定済みの場合はロックを解除し、ホーム画面が表示されたら、「設定」アプリをタップして起動しよう。

2
使用するキーボードを選択する

「一般」→「キーボード」→「キーボード」をタップすると、現在利用できるキーボードの種類を確認できるほか、「新しいキーボードを追加」で他のキーボードを追加できる。キーボードの種類や入力方法については、P034から解説している。

3
Wi-Fiに接続する

「Wi-Fi」をタップして、「Wi-Fi」のスイッチをオンにする。自宅や職場のSSIDを選択し、接続パスワードを入力して「接続」をタップすれば、Wi-Fiに接続できる。

4
位置情報サービスをオンにする

「プライバシー」→「位置情報サービス」をタップし、「位置情報サービス」のスイッチをオンにすれば、マップなどで利用する位置情報が有効になる。この画面で、アプリごとに位置情報を使うかどうかを切り替えることもできる。

5
Face IDまたはTouch IDを設定する

ホームボタンのない機種の場合は「Face IDとパスコード」→「Face IDをセットアップ」をタップ。枠内に顔を合わせ、円を描くように頭を動かす操作を2回繰り返せば顔が登録され、顔認証の利用が可能になる。

ホームボタンのある機種の場合は「Touch IDとパスコード」→「指紋を追加」をタップ。画面の指示に従ってホームボタンを何度かタッチすれば指紋が登録され、指紋認証の利用が可能になる。指紋は複数の指で登録可能だ。

POINT
Face／Touch IDで認証する機能の選択

> 顔認証／指紋認証を使用したい項目をそれぞれオンにしておく

Face IDやTouch IDの設定を済ませておけば、iPhoneのロック解除、iTunes／App Storeの決済、Apple Payの決済、パスワードの自動入力などに、顔認証や指紋認証を利用できる。「FACE（TOUCH）IDを使用」欄で、利用したい機能のスイッチをそれぞれオンにしておこう。

6
パスコードを変更する

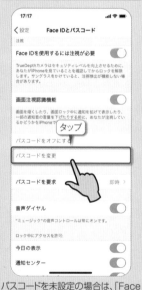

パスコードを未設定の場合は、「Face（Touch）IDとパスコード」→「パスコードをオンにする」で設定できる。設定済みのパスコードは、「パスコードを変更」をタップすれば他のパスコードに変更できる。

7
Apple IDを新規作成する

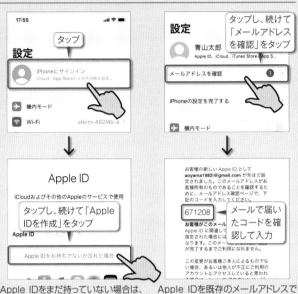

Apple IDをまだ持っていない場合は、設定の上部にある「iPhoneにサインイン」をタップし、「Apple IDをお持ちでないか忘れた場合」→「Apple IDを作成」をタップ。あとは、P008の手順9から従って作成しよう。

Apple IDを既存のメールアドレスで登録した場合は、アカウント欄の「メールアドレスを確認」→「メールアドレスを確認」をタップすると、そのアドレス宛にコードが届く。コードを入力して認証を済ませよう。

8
iCloudで同期する項目を変更する

Apple IDでサインインを済ませたら、設定上部に表示されるアカウント名をタップし、「iCloud」をタップ。iCloudで同期したい各項目をオンにしておこう。iCloudでできることは、P030を参照。

9
App Storeなどにサインインする

設定上部のアカウント名をタップし、「メディアと購入」→「続ける」でApp Storeなどにサインインする。初めてアプリをインストールする際は、「レビュー」をタップして支払い情報などを設定する必要もある。

10
Siriを設定する

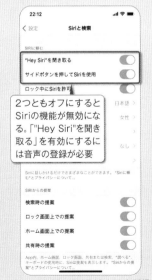

iPhoneに話しかけるだけで、各種操作や検索を行える機能「Siri」を利用するには、「Siriと検索」の「"Hey Siri"を聞き取る」「サイド(ホーム)ボタンを押してSiriを使用」のどちらかをオンにすればよい。

POINT

各種バックアップから復元・移行する

PCのバックアップから復元

パソコンでバックアップしたデータから復元するには、iPhoneをパソコンに接続してiTunes(Macでは「Finder」)を起動すればよい。新しいiPhoneとして認識されるので、「このバックアップから復元」にチェックして、復元するデータを選択する。

iCloudバックアップから復元／Androidからデータを移行

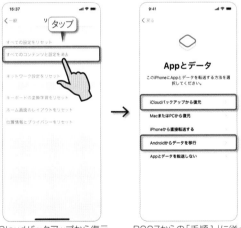

iCloudバックアップから復元するか、またはAndroidスマートフォンからデータを移行したい場合は、まず「設定」→「一般」→「リセット」→「すべてのコンテンツと設定を消去」で、一度端末を初期化する。

P007からの「手順1」に従って初期設定を進めていき、「Appとデータ」画面になったら、「iCloudバックアップから復元」で復元するか、「Androidからデータを移行」でデータを移行する。

iPhoneの気になる疑問Q&A

iPhoneを使いはじめる前に、必要なものは何か、ない場合はどうなるか、まずは気になる疑問を解消しておこう。

Q1 パソコンやiTunesは必須?

A なくても問題ないが一部操作に必要

バックアップや音楽CD取り込みに使う

パソコンがあれば、「iTunes」（Macでは標準の「Finder」）を使ってiPhoneを管理できるが、なくてもiPhoneは問題なく利用できる。ただし、音楽CDを取り込んでiPhoneに転送したり（P076で解説）、パソコン内のデータをiPhoneに転送するには、iTunesやFinderでの操作が必要。また、パソコンでバックアップを作成（P111で解説）すれば、iCloudではバックアップしきれない端末内のファイルも含めて復元できるほか、「リカバリーモード」でiPhoneを強制的に初期化する際にも、パソコンとの接続が必要だ。

> 端末内に保存された写真やビデオ、音楽ファイルなども含めたバックアップを作成する場合など、一部の操作にパソコンが必要となる

Q2 Apple IDは絶対必要?

A App StoreやiCloudの利用に必須

Apple製品を使う上で必ずいるアカウント

Apple IDは、App Storeからアプリを入手したり、iCloudでメールや連絡先などのデータを同期したり、iPhoneのバックアップを作成するといった、Appleが提供するさまざまなサービスを利用するのに必要となる重要なアカウントだ。Apple IDがないとiPhoneならではの機能を何も使えないので、必ず作成しておこう。Apple IDは初期設定中に作成できる（P008で解説）ほか、設定画面からでも作成できる（P011で解説）。

> Apple IDがないと、App StoreやiCloud、iMessage、FaceTime、Apple Music、Apple TV、ブックといった、Appleが提供するさまざまなサービスを利用できない

Q3 クレジットカードは必須?

A なくてもApp Storeなどを利用できる

ギフトカードやキャリア決済でもOK

Apple IDで支払情報を「なし」に設定しておけば、クレジットカードを登録しなくても、App Storeなどから無料アプリをインストールできる。クレジットカードなしで有料アプリを購入したい場合は、コンビニなどでApp Store & iTunesギフトカードを購入し、App Storeアプリの「Today」画面などを下までスクロール。「コードを使う」をタップしてiTunesカード背面の数字を入力し、金額をチャージすればよい。クレジットカードを登録済みの場合でも、iTunesカードの残高から優先して支払いが行われる。毎月の通信料と合算して支払う、キャリア決済も利用可能。

> App Store & iTunesギフトカードは、コンビニなどで購入できる。「バリアブル」カードで購入すると、1,500円～50,000円の間で好きな金額を指定できる

Q4 Wi-Fiは必須?

A iOSアップデートなどに必須

モバイル通信だと一部機能が制限される

モバイルデータ通信だとiPhone単体でiOSをアップデートできない。また、アプリによっては数百MBをダウンロードする必要があるし、YouTubeなどで動画を再生するとあっというまに通信量を消費してしまう。iPhoneを快適に使うためにも、Wi-Fi環境は用意しておこう。iPhone 11、12シリーズとSE（第2世代）は高速無線LAN規格の「11ax」に対応するが、ひとつ前の「11ac」に対応した製品でも十分高速。

> ルータは11ax対応の製品がもっとも高速だ。このバッファロー「WSR-1800AX4」は、11ax対応で約7,000円と手頃な価格。一つ前の11ac対応ルータでも十分高速で価格も安い

Q5 電源アダプタが付いてないけど何を買えばいい?

A 純正の20Wアダプタを買おう

20W以上あれば高速充電できる

現在販売されているiPhoneには、充電に必要な電源アダプタが同梱されておらず、別途購入する必要がある。完全にバッテリーが切れたiPhoneを再充電する際などは、純正の電源アダプタとケーブルを使わないとうまく充電できないことがあるので、Apple純正品を購入しておいた方が安心だ。また、iPhone 8以降を高速充電するには18W以上、iPhone 12シリーズは20W以上のUSB PD対応充電器が必要だが、Appleの「20W USB-C電源アダプタ」ならすべて対応できる。他社製品を選ぶ場合も、「USB PD対応で20W以上」を目安にしよう。

> Apple純正「20W USB-C電源アダプタ」（税込2,200円）を購入しておけば、付属のUSB-C - Lightningケーブルと組み合わせて、現在販売中のすべてのモデルを高速充電できる

SECTION 01
iPhoneスタートガイド

iPhoneを手にしたらまずは覚えたいボタンや
タッチパネルの操作、画面の見方、
文字の入力方法など、基本中の基本を総まとめ。

電源や音量をコントロールする

本体のボタンや
スイッチの操作法

iPhoneの操作は、マルチタッチディスプレイに加え、本体側面の電源／スリープボタン、音量ボタン、サウンドオン／オフ
スイッチ、iPhone SEなどに備わるホームボタンで行う。まずは、それぞれの役割と基本的な操作法を覚えておこう。

■ ボタンとスイッチの重要な機能

iPhoneのほとんどの操作は、ディスプレイに指で触れて行うが、本体の基本的な動作に関わる操作は、ハードウェアのボタンやスイッチで行うことになる。電源／スリープボタンは、電源のオン／オフを行うと共に、画面を消灯しiPhoneを休息状態に移行させる「スリープ」機能のオン／オフにも利用する。電源とスリープが、それぞれどのような状態になるかも確認し

ておこう。なお、電源やスリープに関しては、iPhone 12などのフルディスプレイモデルとiPhone SEなどのホームボタン搭載モデルで操作法や設定が異なる。また、iPhone SEなどに備わるホームボタンは、「ホーム画面」（P020で解説）という基本画面に戻るためのボタンで、スリープ解除にも利用できる。さらに、サウンドをコントロールする音量ボタンとサウンドオン／オフスイッチも備わっている。それぞれ使用した際に、どの種類の音がコントロールされるのか把握しておこう。

iPhone 12シリーズなどに備わるボタンとスイッチ

サウンドオン／オフスイッチ
電話やメールなどの着信音、通知音を消音したいときに利用する。オレンジ色の表示側が消音となる。なお、音量ボタンで音量を一番下まで下げても消音にはならない。

音量ボタン
再生中の音楽や動画の音量を調整するボタン。設定により、着信音や通知音の音量もコントロールできるようになる（P017で解説）。

マルチタッチディスプレイ
iPhoneのほとんどの操作は、画面をタッチして行う。タッチ操作の詳細は、P018で詳しく解説している。

Lightningコネクタ
本体下部中央のLightningコネクタ。本体に付属し、充電やパソコンとのデータ転送に利用するLightning - USBケーブルや、Apple製のマイク付きイヤフォン「EarPods」を接続できる。

電源／スリープボタン
電源のオン／オフやスリープ／スリープ解除を行うボタン。詳しい操作法はP016で解説。なお、本書ではこのボタンの名称を「電源ボタン」と記載することもある。また、設定メニューなどでは「サイドボタン」と呼ばれることもある。

POINT

画面の黄色味が気になる場合は

iPhoneを使っていて、黄色っぽい画面の色が気になる場合は、「True Tone」機能をオフにしよう。周辺の環境光を感知し、ディスプレイの色や彩度を自動調整する機能だが、画面が黄色くなる傾向がある。なお、iPhone 8以前のモデルにTrue Toneは搭載されていない。

「設定」→「画面表示と明るさ」の「True Tone」をオフにする

ロック画面を理解する

iPhoneの電源をオンにした際や、スリープを解除した際にまず表示される「ロック画面」。パスコードやFace ID（顔認証）、Touch ID（指紋認証）でロックを施せば（P033で解説）、自分以外がここから先の操作を行うことはできない。なお、ロック画面ではなく初期設定画面が表示される場合は、指示に従って設定を済ませよう（P006で解説）。

iPhone 12などのロック画面

iPhone 12シリーズなどのフルディスプレイモデルでは、画面下部から上へスワイプし、Face ID（顔認証）やパスコードでロックを解除する

iPhone SEなどのロック画面

iPhone SEなどのホームボタン搭載モデルでは、ホームボタンを押して、Touch ID（指紋認証）やパスコードでロックを解除する

iPhone SEなどに備わるボタンとスイッチ

サウンドオン／オフスイッチ
電話やメールなどの着信音、通知音を消去したいときに利用する。オレンジ色の表示側が消音となる。なお、音量ボタンで音量を一番下まで下げても消音にはならない。

音量ボタン
再生中の音楽や動画の音量を調整するボタン。設定（P017で解説）により、着信音や通知音の音量もコントロールできるようになる。

マルチタッチディスプレイ
iPhoneのほとんどの操作は、画面をタッチして行う。タッチ操作の詳細は、P018以降で詳しく解説している。

Lightningコネクタ
本体下部中央のLightningコネクタ。本体に付属し、充電やパソコンとのデータ転送に利用するLightning - USBケーブルや、Apple製のマイク付きイヤフォン「EarPods」を接続できる。

電源／スリープボタン
電源のオン／オフやスリープ／スリープ解除を行うボタン。詳しい操作法はP016で解説。なお、本書ではこのボタンの名称を「電源ボタン」と記載することもある。また、設定メニューなどでは「サイドボタン」と呼ばれることもある。

ホームボタン／Touch IDセンサー
操作のスタート地点となる「ホーム画面」（P020で解説）をいつでも表示できるボタン。指紋認証センサーが内蔵されており、ロック解除などの認証操作に利用できる。

POINT

3.5mmプラグのイヤフォンを使う

現行のiPhoneには一般的な3.5mmオーディオジャックは備わっていない。3.5mmプラグのイヤフォンを使いたい場合は、AppleのLightning - 3.5mmヘッドフォンジャックアダプタ（税別1,000円）などを用意する必要がある。

ボタンやスイッチの操作法

iPhone 12シリーズなどフルディスプレイモデルの電源／スリープ操作

> ### iPhoneをスリープ／スリープ解除する

スリープ解除後にロック画面が表示されたら、画面の一番下から上方向へスワイプ。顔認証やパスコード入力（設定はP033で解説）でロックを解除すれば、ホーム画面（P020で解説）が表示される

画面が表示されている状態で電源／スリープボタンを押すと、画面が消灯しスリープ状態になる。消灯時に押すとスリープが解除され、タッチパネル操作を行えるようになる。

> ### iPhoneの電源をオン／オフする

電源オン時に電源／スリープボタンと音量のどちらかのボタンを同時に1～2秒長押しすると、このような画面が表示される。上の「スライドで電源オフ」を右へスライドすると電源をオフにできる

消灯時に電源ボタンを押しても画面が表示されない時は、電源がオフになっている。電源／スリープボタンを2～3秒長押ししてアップルマークが表示されたら、電源がオンになる。電源オフは上記の操作を行おう。

> ### 画面をタップしてスリープ解除

スイッチをオンにする

「設定」の「アクセシビリティ」→「タッチ」→「タップしてスリープ解除」をオンにしておけば、画面をタップするだけでスリープを解除できる。ホームボタンのないiPhoneを卓上に置いたままスリープ解除する際に便利だ。

スリープと電源オフの違いを理解する

電源をオフにすると通信もオフになりバックグラウンドでの動作もなくなるため、バッテリーの消費はほとんどなくなるが、電話の着信やメールの受信をはじめとするすべての機能が無効となる。Apple PayのSuicaも利用できないので注意しよう。一方スリープは、画面を消灯しただけの状態で、電話の着信やメールの受信をはじめとする通信機能や音楽の再生など、多くのアプリのバックグラウンドでの動作は継続され、データ通信量やバッテリーも消費される。電源オフとは異なりすぐに操作を再開できるので、特別な理由がない限り、通常は使わない時も電源を切らずスリープにしておこう。状況に応じて、消音モードや機内モード（P041で解説）で、サウンドや通信のみ無効にすることもできる。

> ### 手前に傾けてスリープを解除

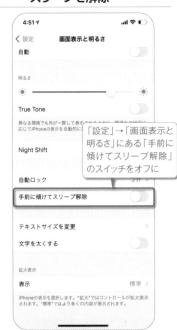

「設定」→「画面表示と明るさ」にある「手前に傾けてスリープ解除」のスイッチをオフに

iPhoneは、本体を手前に傾けるだけでスリープを解除できる。必要のない時でもスリープが解除されることがあるので、わずらわしい場合は機能をオフにしておこう。

> ### ボタン長押しでSiriを起動する

このようにSiriが表示されたら、「今日の天気は？」や「ここから○○駅までの道順を教えて」などと話しかけてみよう

「Siri」は、音声でさまざまな情報検索や操作を行える機能（P039およびP092で解説）。電源／スリープボタンの長押しで起動する。ホームボタン搭載モデルの場合は、ホームボタンを長押しする。

iPhone SEなどのホームボタン搭載モデルの電源／スリープ操作

> iPhoneをスリープ／スリープ解除する

Touch ID（指紋認証）を設定していれば、ホームボタンを押してスリープ解除と同時にロック解除を行える。左ページの通り、本体を傾けるだけでスリープ解除することも可能

画面が表示されている状態で電源／スリープボタンを押すと、画面が消灯しスリープ状態になる。スリープ解除は、電源／スリープボタンでもよいが、ホームボタンを押せばそのままロック解除も行えるのでスムーズだ

> iPhoneの電源をオン／オフする

電源オン時に電源／スリープボタンを1〜2秒長押しすると、このような画面が表示される。この部分を右へスライドすると電源をオフにできる

消灯時に電源ボタンを押しても画面が表示されない時は、電源がオフになっている。電源／スリープボタンを2〜3秒長押ししてアップルマークが表示されたら、電源がオンになる。画面表示時に長押しするとオフにできる。

> 指を当ててロックを解除

スイッチをオンにする

「設定」の「アクセシビリティ」→「ホームボタン」で「指を当てて開く」をオンにしておけば、ロック画面でホームボタンを押し込まなくても、指を当てるだけでロック解除が可能になる。

> 音量ボタンでサウンドを操作する

ボタンを操作すると、画面左端に音量が表示される

本体左側面にある音量ボタンで、音楽や動画の音量をコントロールできる。また、通話中（電話だけではなくFaceTimeやLINEなども）は、通話音量もコントロールできる。

> 音量ボタンで通知音や着信音を操作する

スライダを操作。下のスイッチをオンにすれば、本体の音量ボタンで操作可能になる

ボタンを操作すると、画面上部に通知音や着信音の音量が表示される。なお、音楽や動画再生中は、メディアの音量調整が優先される

通知音や着信音の音量を変更したい場合は、「設定」→「サウンドと触覚」でスライダを操作しよう。本体の音量ボタンで操作できるようにしたい場合は、スライダ下の「ボタンで変更」スイッチをオンにする必要がある。

> 消音モードを有効にする

側面スイッチで消音モードに。Apple製以外のアプリのサウンドが消音になるかどうかは、アプリごとに異なるので確認しておこう

着信音や通知音を消すには、本体左側面のサウンドオン／オフスイッチをオレンジの表示側にする。音量ボタンや設定のスライダでは、消音にすることはできない。なお、消音モードでも、アラームや音楽は消音にならないので注意しよう。

iPhoneを操る基本中のキホンを覚えておこう

タッチパネルの操作方法を
しっかり覚えよう

前のページで解説した電源や音量、ホームボタン、サウンドオン／オフスイッチ以外のすべての操作は、タッチパネル（画面）に指で触れて行う。ただタッチするだけではなく、画面をなぞったり2本指を使うことで、さまざまな操作を行うことが可能だ。

操作名もきっちり覚えておこう

電話のダイヤル操作やアプリの起動、文字の入力、設定のオン／オフなど、iPhoneのほとんどの操作はタッチパネル（画面）で行う。最もよく使う、画面を指先で1度タッチする操作を「タップ」と呼ぶ。タッチした状態で画面をなぞる「スワイプ」、画面をタッチした2本指を開いたり閉じたりする「ピンチアウト／ピンチイン」など、ここで紹介する操作を覚えておけば、どんなアプリでも対応可能だ。iPhone以外のスマートフォンやタブレットを使ったことのあるユーザーなら、まったく同じ動作で操作できるので迷うことはないはずだ。本書では、ここで紹介する「タップ」や「スワイプ」といった操作名を頻繁に使って手順を解説しているので、必ず覚えておこう。

必ず覚えておきたい9つのタッチ操作

タッチ操作❶
タップ

ホーム画面でアイコンを1回軽くタッチするとアプリが起動する

トンッと軽くタッチ

画面を1本指で軽くタッチする操作。ホーム画面でアプリを起動したり、画面上のボタンやメニューの選択、キーボードでの文字入力などを行う、基本中の基本操作法。

タッチ操作❷
ロングタップ

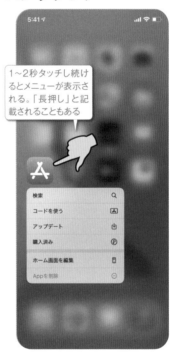

1〜2秒タッチし続けるとメニューが表示される。「長押し」と記載されることもある

検索　🔍
コードを使う　🔲
アップデート　⬆️
購入済み　☁️
ホーム画面を編集　▦
Appを削除　⊖

1〜2秒程度タッチし続ける

画面を1〜2秒間タッチし続ける操作。ホーム画面でアプリをロングタップするとメニューが表示される他、Safariのリンクやメールをロングタップすると、プレビューで内容を確認できる。

タッチ操作❸
スワイプ

マップアプリでは、画面をスワイプした方向へ表示エリアが移動する

画面を指でなぞる

画面をさまざまな方向へ「なぞる」操作。ホーム画面を左右にスワイプしてページを切り替えたり、マップの表示エリアを移動する際など、頻繁に使用する操作法。

POINT

ロングタップの注意点

ホーム画面でアプリをロングタップした際、ボタンを押したようなクリック感と共にメニューが表示される。これは「触覚タッチ」という機能で、現行の機種に搭載されている。また、一部の旧機種では「3D Touch」という機能が備わっており、画面を押し込むことによってメニューを表示する。どちらも動作自体はロングタップなので、本書では特に区別なく、すべて「ロングタップ」で表記を統一している。

タッチ操作④
フリック

Safariで画面を上下へはじくと、はじいた強さに合わせた勢いで画面がスクロールする

タッチしてはじく

画面をタッチしてそのまま「はじく」操作。「スワイプ」とは異なり、はじく強さの加減よって、勢いを付けた画面操作が可能。ゲームでもよく使用する操作法だ。

タッチ操作⑤
ドラッグ

ホーム画面を編集モードにして、アプリをロングタップしたまま指を動かすと位置を変更できる

押さえたまま動かす

画面上のアイコンなどを押さえたまま、指を離さず動かす操作。ホーム画面を編集モードにした上で(P022で解説)アプリをロングタップし、そのまま動かせば、位置を変更可能。文章の選択にも使用する。

タッチ操作⑥
ピンチアウト／ピンチイン

写真やマップ、Safariなどで、指を広げると拡大表示、狭めると縮小表示できる

2本指を広げる／狭める

画面を2本の指(基本的には人差し指と親指)でタッチし、指の間を広げたり(ピンチアウト)狭めたり(ピンチイン)する操作法。主に画面表示の拡大／縮小で使用する。

タッチ操作⑦
ダブルタップ

マップや写真、Safariで画面を軽く2回連続タップすると画面を拡大(縮小)できる

軽く2回連続タッチ

タップを2回連続して行う操作。素早く行わないと、通常の「タップ」と認識されることがあるので要注意。画面の拡大や縮小表示に利用する以外は、あまり使わない操作だ。

タッチ操作⑧
2本指の操作❶

マップを2本指でタッチし、ひねって回転させると、表示を回転できる

スワイプや画面を回転

マップを2本指でタッチし、回転させて表示角度を変えたり、2本指でタッチし上下へスワイプして立体的に表示することが可能。アプリによって2本指操作が使える場合がある。

タッチ操作⑨
2本指の操作❷

2本指でスワイプして複数のメールを選択

複数アイテムをスワイプ

標準のメールアプリやファイルアプリなどでは、2本指のスワイプで複数のアイテムを素早く選択することができる。選択状態で再度スワイプすると、選択を解除できる。

操作の出発点となる基本画面を理解する

ホーム画面の仕組みと さまざまな操作方法

iPhoneの電源をオンにし、画面ロックを解除するとまず表示されるのが「ホーム画面」だ。ホーム画面には、インストールされている全アプリのアイコンが並んでいる。また、各種情報の表示や、さまざまなツールを引き出して利用可能だ。

ホーム画面は複数のページで構成される

ホーム画面は、インストール中のアプリが配置され、必要に応じてタップして起動する基本画面。横4列×縦6段で最大24個（後述の「ドック」を含めると最大28個）のアプリやフォルダを配置でき、画面を左右にスワイプすれば、複数のページを切り替えて利用できる。その他にもさまざまな機能を持っており、画面上部の「ステータスバー」では、現在時刻をはじめ、電波状況やバッテリー残量、有効になっている機能などを確認できる。また、最新のiOSでは「Appライブラリ」というアプリの管理機能が新たに搭載された。Appライブラリは、iPhoneにインストール中の全アプリが表示される画面。あまり使わないアプリも、アンインストール（削除）しないままホーム画面から取り除き、Appライブラリにだけ残しておくという管理の仕方も可能になった。仕組みをしっかり理解して、ホーム画面を効率的に整理しよう。

ホーム画面の基本構成

ステータスバーで各種情報を確認
画面上部のエリアを「ステータスバー」と呼び、時刻や電波状況に加え、Wi-FiやBluetoothなどの有効な機能がステータスアイコンとして表示される。iPhone 12シリーズなどのフルディスプレイモデルは中央にノッチ（切り欠き）があるため、全てのステータスアイコンを確認するには、画面右上から下へスワイプしてコントロールセンター（P024で解説）を表示する必要がある。主なステータスアイコンは、P023で解説している。

いつでもすぐにホーム画面を表示

iPhone 12などのフルディスプレイモデル

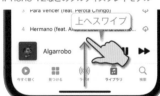

iPhone 12シリーズなどのフルディスプレイモデルでは、画面の下端から上方向へスワイプすると、どんなアプリを使用中でもホーム画面へ戻ることができる。ホーム画面のページを切り替えている際も、素早く1ページ目を表示可能。

iPhone SEなどのホームボタン搭載モデル

iPhone SEなどの機種では、ホームボタンを押せばホーム画面へ戻ることができる。

複数のページを切り替えて利用
ホーム画面は、左右にスワイプして複数のページを切り替えて利用できる。ページの追加も可能だ。ジャンルごとにアプリを振り分けたり、よく使うアプリを1ページ目にまとめるなど工夫しよう。

新機能のAppライブラリ
ホーム画面を左へスワイプしていくと、一番右に「Appライブラリ」が表示される。iPhoneにインストールされているすべてのアプリを自動的にジャンル分けして管理する機能で、アプリの検索も行える。詳しくはP022で解説している。

よく使うアプリをドックに配置
画面下部にある「ドック」は、ホーム画面をスワイプしてページを切り替えても、固定されたまま表示されるエリア。「電話」や「Safari」など4つのアプリが登録されているが、他のアプリやフォルダに変更可能だ。

POINT

「設定」もアプリとして ホーム画面に配置

ホーム画面にあらかじめ配置されている「設定」をタップすると、通信、画面、サウンドをはじめとするさまざまな設定項目を確認、変更することができる。

アプリの起動や終了方法

1 利用したいアプリのアイコンをタップする

タップしてアプリを起動する

ホーム画面のアプリをタップ。起動してすぐに利用できる。手始めにWebサイトを閲覧するWebブラウザ「Safari」を起動してみよう。アプリは「App Store」からインストールすることもできる（P028で解説）。

2 即座にアプリが起動しさまざまな機能を利用可能

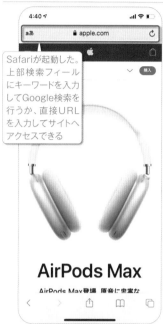

Safariが起動した。上部検索フィールドにキーワードを入力してGoogle検索を行うか、直接URLを入力してサイトへアクセスできる

即座にアプリが起動して、さまざまな機能を利用できる。アプリを終了する際は、左ページで紹介した操作法でホーム画面に戻るだけでよい。多くのアプリは、再び起動すると、終了した時点の画面から操作を再開できる。

3 バックグラウンドで動作し続けるアプリ

「ミュージック」で音楽を再生中にホーム画面に戻っても、そのまま再生が継続される

「ミュージック」アプリなど、利用中にホーム画面に戻っても、動作が引き続き継続されるアプリもあるので注意しよう。電話アプリも、通話中にホーム画面に戻ってもそのまま通話が継続される。

5 Appスイッチャーで素早くアプリを切り替える

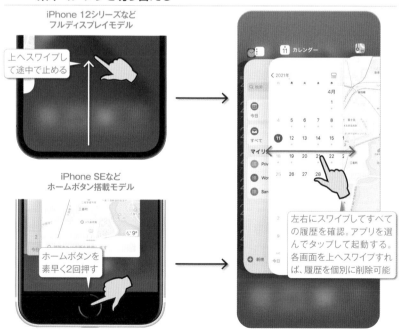

iPhone 12シリーズなどフルディスプレイモデル

上へスワイプして途中で止める

iPhone SEなどホームボタン搭載モデル

ホームボタンを素早く2回押す

左右にスワイプしてすべての履歴を確認。アプリを選んでタップして起動する。各画面を上へスワイプすれば、履歴を個別に削除可能

「Appスイッチャー」を利用すれば、カードのように表示されたアプリの使用履歴から、もう一度使いたいものを選んで素早く起動できる。iPhone 12シリーズなどフルディスプレイモデルの場合は、画面下端から上へスワイプし、途中で指を止める。iPhone SEなどのホームボタン搭載モデルの場合は、ホームボタンを素早く2回押して「Appスイッチャー」を表示する。

POINT

ひとつ前に使ったアプリを素早く表示

iPhone 12などのフルディスプレイモデルでは、画面下の縁を右へスワイプすると、ひとつ前に使ったアプリを素早く表示できる。さらに右へスワイプして、過去に使ったアプリを順に表示可能だ。右にスワイプした後、すぐに左へスワイプすると、元のアプリへ戻ることもできる。

画面下の縁を右へスワイプ

ホーム画面の各種操作方法

1 アプリの移動や削除を可能な状態にする

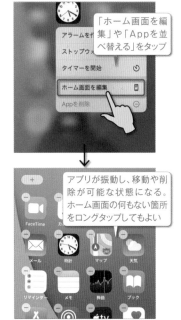

「ホーム画面を編集」や「Appを並べ替える」をタップ

アプリが振動し、移動や削除が可能な状態になる。ホーム画面の何もない箇所をロングタップしてもよい

適当なアプリをロングタップして表示されるメニューで「ホーム画面を編集」をタップ。するとアプリが振動し、移動や削除が可能な編集モードになる。なお、ホーム画面の何もない箇所をロングタップしても編集モードにすることができる。

2 アプリを移動して配置を変更する

ドラッグで移動。ドックのアプリも移動させて入れ替えることができる。右にページがない場合は、アプリを画面の右端へ持って行き、新たなページを作成することもできる

アプリが振動した状態になると、ドラッグして移動可能だ。画面の端に持って行くと、隣のページに移動させることもできる。配置変更が完了したら、画面右上の「完了」をタップ（iPhone SEなどの機種はホームボタンを押す）。

3 複数のアプリをまとめて移動させる

ドラッグして少し移動させる

指を離さず、まとめて移動させたい他のアプリをタップしていくと、ひとつに集まってくる

アプリを編集可能な状態にし、移動させたいアプリのひとつを少しドラッグする。指を離さないまま別のアプリをタップすると、アプリがひとつに集まり、まとめて移動させることが可能だ。

4 フォルダを作成しアプリを整理する

ドラッグしてアプリを重ねる

アプリをドラッグして別のアプリに重ねると、フォルダが作成され複数のアプリを格納できる。ホーム画面の整理に役立てよう。フォルダを開いて、フォルダ名部分をロングタップすると、フォルダ名も自由に変更できる。

5 Appライブラリですべてのアプリを確認

アプリは自動的にカテゴリに分類される。小さいアイコンが4つ並んだ部分をタップすると、そのカテゴリの全アプリを一覧できる

ホーム画面を一番右までスワイプして「Appライブラリ」を表示。インストール中の全アプリをカテゴリ別に確認可能。ホーム画面のアプリは削除して、Appライブラリにだけ残すといった管理も行える（P023で解説）。

6 Appライブラリでアプリを検索する

アプリ名はもちろん、「カメラ」や「動画」といった機能やジャンルでも検索可能だ。

Appライブラリ上部の検索欄をタップすると、キーワード検索で目的のアプリを探し出せる。また、検索欄をタップした段階で、全アプリがアルファベット順、続けて五十音順に一覧表示されるので、そこから探してもよい。

7 アプリをiPhoneから アンインストール（削除）

「Appを削除」をタップし、次の画面でもう一度「Appを削除」をタップ。削除したアプリは、App Storeから再インストールできる（P028で解説）

ホーム画面を編集
Appを削除

編集モードで「−」をタップ。続けて「Appを削除」をタップ。複数のアプリを削除したい時はこの方法がおすすめ

アプリをロングタップして表示されるメニューで「Appを削除」を選べば、そのアプリをiPhoneから削除できる。また、前述の手順1の操作で編集モードにした後、アイコン左上の「−」をタップすることでも削除できる。

8 アプリをホーム画面 から取り除く

"株価"を取り除きますか？
ホーム画面から取り除くと、AppはAppライブラリに保持されます。

Appを削除
ホーム画面から取り除く
キャンセル

アプリをロングタップして表示されるメニューで「Appを削除」をタップ。続けて「ホーム画面から取り除く」をタップする。また、ホーム画面の編集モードで、アイコン左上の「−」をタップし、続けて「ホーム画面から取り除く」をタップしてもよい

アプリは、iPhoneからアンインストールしないでホーム画面から取り除くこともできる。取り除かれたアプリの本体はAppライブラリに残っているので、いつでもホーム画面に再追加することができる。

9 Appライブラリから アプリを追加する

ホーム画面に追加
Appを共有
Appを削除

ロングタップして「ホーム画面に追加」をタップ。検索結果でアイコンをロングタップして「ホーム画面に追加」を選んだり、検索結果でアプリ名をドラッグしてもよい

Appライブラリでアプリをロングタップし、「ホーム画面に追加」を選べば、Appライブラリだけにあるアプリをホーム画面に追加できる。また、Appライブラリのアプリをドラッグして追加する方法もある。

10 ホーム画面の使わない ページを非表示にする

適当なアプリをロングタップして「ホーム画面を編集」を選ぶか、ホーム画面の何もない箇所をロングタップして編集モードにする。続けて画面下部のページ切り替え部分をタップ

ページを編集

チェックマークを外して「完了」をタップ。ホームボタン搭載機種では、チェックマークを外した後、ホームボタンを押して処理を完了させる

アプリをどんどんインストールすると、ホーム画面のページも増えていきがちだ。使わないアプリを取り除くのもひとつの手だが、不要なページ自体を非表示にできる機能もあるので状況によって使い分けよう

「ページを編集」画面が表示されるので、非表示にしたいページのチェックマークを外し、画面右上の「完了」をタップしよう。そのページが非表示になる。再表示したい場合は、チェックマークを再度有効にすればよい。

11 主なステータスアイコン の意味を理解しよう

ステータスバーに表示される主なステータスアイコンの意味を覚えておこう。

 Wi-Fi接続中

 位置情報サービス利用中

 機内モードがオン

 画面の向きをロック中

 アラーム設定中

 おやすみモード設定中

 インターネット共有利用中

 パソコンと同期中

 ヘッドフォン接続中

ホーム画面やアプリ使用中に使えるパネル型ツール

コントロールセンターや通知センター、ウィジェットを利用する

Wi-Fiなどの通信機能や機内モード、画面の明るさなどを素早く操作できる「コントロールセンター」、
各種通知をまとめてチェックできる「通知センター」、アプリの情報やツールを表示できる「ウィジェット」をまとめて解説。

よく使う機能や情報に素早くアクセス

　iPhoneには、よく使う機能や設定、頻繁に確認したい情報などに素早くアクセスできる便利なツールが備わっている。Wi-FiやBluetoothの接続／切断、機内モードや画面縦向きロックを利用したい時は、「設定」アプリでメニューを探す必要はなく、画面右上や下から「コントロールセンター」を引き出せばよい。ボタンをタップするだけで機能や設定をオン／オフ可

能だ。また、画面の上から引き出し、メールやメッセージの受信、電話の着信、今日の予定などの通知をまとめて一覧し、確認できる「通知センター」も便利。さらに、ホーム画面の1ページ目を右にスワイプして表示できる「ウィジェット」画面。ウィジェットは、各種アプリの情報を表示したり、アプリが持つ機能を手早く起動できるパネル型ツールだ。最新のiOSでは、このウィジェットをホーム画面上にアプリと並べて配置できるようになった。

ホーム画面をスワイプして表示する各ツールの表示方法

フルディスプレイモデルでの表示方法

画面左上や中央上から下へスワイプ
通知センター

ホーム画面やアプリ使用中に、画面の左上（およびノッチの下）から下へスワイプして引き出せる「通知センター」。アプリの過去の通知をまとめて一覧表示できる。通知をタップすれば該当アプリが起動。また、通知は個別に（またはまとめて）消去可能。なお、通知センターへ通知を表示するかどうかは、アプリごとに設定できる。

見逃した通知も後からチェックできる

画面右上から下へスワイプ
コントロールセンター

ホーム画面やロック画面、アプリ使用中に、画面右上から下へスワイプすると「コントロールセンター」を表示できる。なお、「設定」→「コントロールセンター」→「コントロールをカスタマイズ」で、表示内容をカスタマイズできる。

コントロールセンターの機能

❶ 左上から時計回りに機内モード、モバイルデータ通信、Bluetooth、Wi-Fi。BluetoothとWi-Fiは通信機能自体のオン／オフではなく、現在の接続先との接続／切断を行える。

❷ ミュージックコントロール。ミュージックアプリの再生、停止、曲送り／戻しの操作を行える。

❸ 左が画面の向きロック、右がおやすみモード。

❹ 画面ミラーリング。Apple TVに接続し、画面をテレビなどに出力できる機能。

❺ 左が画面の明るさ調整、右が音量調整。

❻ 左からフラッシュライト、タイマー、計算機、カメラ。QRコードのスキャンボタンが表示されている場合もある。

画面を右へスワイプ
ウィジェット

ホーム画面の1ページ目やロック画面で、画面を右方向へスワイプすると「ウィジェット」の一覧画面を表示できる。ウィジェットは、各アプリに付随する機能。標準ではカレンダーや天気などのウィジェットが表示されている。なお、アプリ使用中に表示したい場合は、通知センター画面で右スワイプすればよい。

ウィジェットはホーム画面にも配置できる

ホームボタン搭載モデルでの表示方法

画面上から下へスワイプ
通知センター

画面を右へスワイプ
ウィジェット

画面下から上へスワイプ
コントロールセンター

通知センターとコントロールセンターの操作方法

1 各ツールをロック中でも利用する

ロック中でもスワイプで表示。ロック中に各ツールを表示したくない場合は、「設定」→「Face ID（Touch ID）とパスコード」の「ロック中にアクセスを許可」欄で各スイッチをオフにする。なお、ウィジェットは「今日の表示」という項目で設定する

通知センター、ウィジェット、コントロールセンターは、ロック中でも表示できる。ただし通知センターの表示方法はホーム画面での操作と異なり、画面の適当な部分を上へスワイプする。

2 通知センターで各通知を操作する

チェックを入れて表示。通知が増えすぎないよう取捨選択しよう

通知のグループ化は、「自動」か「App別」、「オフ」から選択。オフにするとグループ化されず個別に一覧表示される

通知センターに通知を表示するかどうかは、アプリごとに設定できる。「設定」→「通知」でアプリを選び、「通知センター」にチェックを入れれば表示が有効になる。また、通知のグループ化設定も行える。

3 通知センターで各通知を操作する

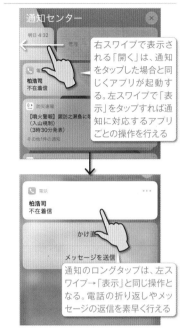

右スワイプで表示される「開く」は、通知をタップした場合と同じくアプリが起動する。左スワイプで「表示」をタップすれば通知に対応するアプリごとの操作を行える

通知のロングタップは、左スワイプ→「表示」と同じ操作となる。電話の折り返しやメッセージの返信を素早く行える

通知センターの各通知は、左右にスワイプしたりロングタップすることで、各種操作を行える。通知がグループ化されている場合は、まずはタップして個別の通知に展開しよう。

4 通知センターの通知を消去、管理する

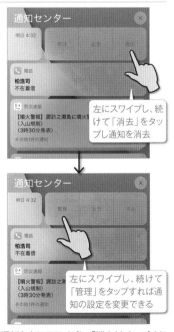

左にスワイプし、続けて「消去」をタップし通知を消去

左にスワイプし、続けて「管理」をタップすれば通知の設定を変更できる

各通知を左にスワイプし、「消去」をタップすれば、その通知を消去できる。通知センター右上の「×」をタップすれば、全通知を一括消化可能。「管理」をタップして、通知を目立たなくしたりオフにすることもできる（P027で解説）。

5 コントロールセンターをプレスする

左上の4つのボタンをロングタップすると、さらに2つの機能が追加表示される

コントロールセンターの各コントロールをロングタップすると、隠れた機能を表示できる。左上の4つのボタンをロングタップすると、AirDropとインターネット共有のボタンが表示。ほかのコントロールでも試してみよう。

6 コントロールセンターをカスタマイズする

表示中の機能の「ー」をタップで非表示に。「コントロールを追加」から機能を選んで、「＋」で追加する

コントロールセンターは一部カスタマイズ可能だ。「設定」→「コントロールセンター」で「ストップウォッチ」や「拡大鏡」などの機能を追加できる。

ウィジェットの設定と操作方法

1 編集モードにして ウィジェットを管理する

アプリやウィジェットが振動した状態になったら、ウィジェットのドラッグによる移動や追加、削除が可能。ウィジェット左上の「−」をタップして削除できる

アプリと同様、ウィジェットも画面を編集モードにして移動や追加、削除を行う。アプリかウィジェットをロングタップして「ホーム画面を編集」をタップするか、画面の何もない箇所をロングタップしよう。

2 画面にウィジェットを 追加する

左右にスワイプしてウィジェットを選択し、画面下部の「ウィジェットを追加」をタップしよう

画面の編集モードで、左上に表示される「+」をタップ。ウィジェット機能を持ったアプリが一覧表示されるので使いたいものを選択する。次の画面でウィジェットのサイズや機能を選択しよう。

3 ウィジェットが 配置された

ここではホーム画面にアプリと並べて「カレンダー」のウィジェットを配置

最初にウィジェット追加の「+」をタップした画面に配置される。画面を編集モードにすれば、ドラッグして移動させることもできる。

4 ウィジェットを 利用する

上は標準の「カレンダー」ウィジェット。下は「Gmail」アプリのウィジェットで、メールの検索と作成、メールボックス表示の3つの機能を呼び出せる

カレンダーや天気のように、アプリを起動しなくてもホーム画面で情報を見ることができるウィジェットの他、タップしてアプリの機能を起動できるウィジェットもある。

5 ウィジェットの機能 を設定する

例えば天気ウィジェットの場合は、天気を表示する場所を設定できる

ウィジェットによっては、配置後に設定が必要なものがある。ウィジェットをロングタップして「ウィジェットを編集」をタップして設定画面を開こう。

6 スマートスタックを 利用する

重ねてスタック。スタック化されたウィジェットは上下スワイプで切り替えられる

スマートスタックは、フォルダのように同じサイズのウィジェット同士をまとめられる機能。画面の編集モードで、ウィジェットを同サイズの別のウィジェットに重ねるとスタック化される。

7 スマートスタックを 編集する

スタックの編集画面では、ウィジェット名右の三本線部分をドラッグして表示順を変更できるほか、スマートローテーションのオン／オフを設定できる。

スタックをロングタップし、続けて「スタックを編集」をタップすれば、スタック内の表示順を変更できる。また、「スマートローテーション」を有効にすれば、状況に応じたウィジェットが自動表示される。

POINT

iOS 14非対応 ウィジェットの扱い

iOS 14に対応していない旧仕様のウィジェットは、画面を編集モードにした際のウィジェット画面にある「カスタマイズ」で追加可能。ただし、ウィジェット画面の最下部にしか表示できず、ホーム画面にも配置できない。

さまざまな通知の方法を適切に設定する

メールやメッセージの受信をはじめ、カレンダーやSNSなどさまざまなアプリの新着情報を知らせてくれる通知機能。通知の方法も画面表示やサウンドなど複数用意されているので、あらかじめ適切に設定しておこう。

まずは不要な通知をオフにしよう

　通知機能はなくてはなくてはならない便利な機能だが、きちんと設定しておかないとやたらと鳴る通知音やバナー表示にわずらわされることも多い。不必要な通知が多いと、本来必要な通知への対応もおざなりになりがちだ。そこで、通知設定の第一歩として、通知が不要なアプリを洗い出し、通知を無効にしておこう。

通知が必要なアプリについても、バナーやサウンド、バッジなど多岐にわたる通知方法を重要度によって取捨選択したり、人に見られたくないものはロック画面に表示させないなど、きめ細かく設定しておきたい。最低限通知があることだけわかればよいのならバッジだけを有効にしたり、リアルタイムに反応する必要がないものは通知センターだけに表示するなど、柔軟に設定していこう。なお、すべての通知設定は、「設定」→「通知」で行う。

通知項目を理解し設定していく

5つの通知項目を確認し設定する

設定」→「通知」で設定できる通知手段は右の5つ。また、通知センターやバナーにメール本文など内容の一部をプレビュー表示するかどうかも設定可能だ。まずは、あきらかに通知が不要なアプリの「通知を許可」をオフにしよう。

❶ロック画面

「ロック画面」を有効にすると、画面ロック中でもロック画面に通知が表示される。画面消灯時に通知があると、画面が点灯し通知が表示される。プレビュー表示が「常に」だと、ロック画面にもメールなどの内容の一部が表示されるので注意が必要だ。

❷通知センター

通知センターに通知を表示したい場合はチェックを有効にする。通知センターの詳しい操作法はP024〜025で解説している。バナーやサウンドを使いつつ、気付かなかった場合の補助的な役割として通知センターを有効にしておくといった設定もおすすめだ。

❸バナー

有効にすると、このように画面上部にバナー表示で通知してくれる。また、バナースタイルを「一時的」にすると、バナーは数秒で自動的に消える。「持続的」にすると、何らかの操作を行わない限り表示され続ける。重要なアプリは、「持続的」に設定しておこう。

❹サウンド

通知音を鳴らしたい場合はスイッチをオンに。メールやメッセージなど一部アプリは通知音の変更も可能だ（これらのアプリで通知音をオフにするには「なし」を選択）。その他のアプリでは通知音の変更はできないが、一部のアプリでは「○○の通知設定」というメニューが表示され、アプリ内の通知設定へ移動し通知音を選べる場合もある。

❺バッジ

スイッチをオンにすると、ホーム画面のアプリアイコンの右上に赤い丸で通知を知らせてくれる。また、バッジの数字は未確認の通知件数で、例えばメールの場合は未読メールの数が表示される。通知の有無だけを知りたいなら、バッジのみ有効にしてもよい。

POINT

届いた通知から設定を変更する

通知センターの通知を左にスワイプして「管理」をタップするか、バナーをロングタップした後、右上のオプションボタン（3つのドット）をタップして管理画面を表示できる。「目立たない形で配信」をタップすれば、通知センターのみに通知されるようになり、「オフにする」をタップすれば通知が無効となる。

さまざまな機能を備えたアプリを手に入れよう

App StoreからiPhoneに
アプリをインストールする

iPhoneにはあらかじめ電話やメールなど必須の機能を備えたアプリがインストールされているが、さらにApp Sroreという
うアプリ配信ストアから、世界中で開発された多種多様なアプリを入手できる。

まずは無料アプリから試してみよう

iPhoneのほとんどの機能は、アプリによって提供されている。多彩なアプリを入手して、iPhoneでできることをどんどん増やしていこう。iPhoneのアプリはApp Storeという配信ストアからインストールする。このApp Store自体も、アプリとしてあらかじめホーム画面に配置されている。App Storeの利用には、Apple IDが必須だ。まだ持っていない場合は、P011の記事を参考に新規作成し、サインインしておこう。アプリは無料のものと有料のものがある。ほとんどのジャンルで無料のアプリも数多く配信されているので、手始めに無料アプリから試してみよう。なお、一度インストールしたアプリをアンインストール（削除）しても、再インストールの際には料金を支払う必要はない。機種を変更しても、同じApple IDでサインインすれば無料でインストール可能だ。ここでは、アプリの探し方からインストール手順までまとめて解説する。

App Storeで欲しいアプリを検索する

1 キーワード検索で アプリを探す

App Storeを起動して、欲しいアプリを探そう。目当てのアプリ名や、必要な機能がある場合は、画面下部の一番右にある「検索」をタップしてキーワード検索を行おう。アプリ名はもちろん、「ノート」や「カメラ」といったジャンル名や機能で検索すれば、該当のアプリが一覧表示される。

「ノート 手書き」や「写真 加工」のように絞り込み検索も可能。英語で検索すると、異なる検索結果を得ることができる

2 ランキングから アプリを探す

画面下部の「App」をタップ。「トップ無料」や「トップ有料」右の「すべてを表示」からランキングを確認できる。ランキング画面右上の「すべてのApp」でカテゴリ別ランキングを表示可能。

3 その他の アプリの探し方

画面下部の「Today」では、おすすめのアプリを日替わりで紹介。流行のゲームを探したいなら「ゲーム」画面を開こう。こまめにチェックすれば、人気のアプリをいち早く使い始めることができるはずだ。

4 アプリの評価を チェックする

各アプリのインストールページでは、そのアプリのユーザー評価もチェックできる。目安としては、評価の件数が多く点数も高いものが人気実力揃った優良アプリだ。

5 App Storeの認証 を顔や指紋で行う

「設定」→「Face ID（Touch ID）とパスコード」で「iTunes StoreとApp Store」のスイッチをオンに。あらかじめ顔や指紋を登録しておく必要がある

インストール時にサイドボタン（電源ボタン）を2回素早く押して顔認証を行うか、ホームボタンに指を当てて指紋認証を行う

アプリのインストール時には、Apple IDの認証を行わなければならない。いちいちパスワードを入力するのは面倒なので、Face IDやTouch IDで素早く認証できるよう、あらかじめ設定しておこう。

アプリのインストールとアップデート

1 無料アプリをインストールする

「入手」をタップしてインストール。Face IDやTouch ID、パスワードでApple IDの認証を済ませればインストールが開始される

キーワード検索やランキングで見つけたアプリをタップし、詳細画面を開く。詳細画面に「入手」と表示されているものは無料アプリだ。「入手」をタップすればすぐにインストールできる。

2 有料アプリをインストールする

価格表示部分をタップ。Face IDやTouch ID、パスワードでApple IDの認証を済ませればインストールが開始される

キーワード検索やランキングで見つけたアプリをタップし、詳細画面を開く。詳細画面に「¥250」のような価格が表示されているものは有料アプリだ。価格表示部分をタップしてインストールする

3 アプリをアップデートする

各アプリの「アップデート」をタップ。「すべてをアップデート」をタップしてまとめてアップデートすることもできる

アプリは、不具合の修正や新機能を追加した最新版が時々配信される。App Storeアプリにバッジが表示されたら、数字の本数のアップデートが配信された合図。アップデート画面を開いて最新版に更新しよう。

4 アプリを自動でアップデートする

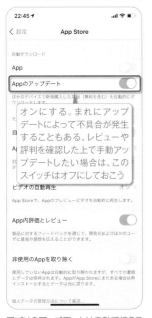

オンにする。まれにアップデートによって不具合が発生することもある。レビューや評判を確認した上で手動アップデートしたい場合は、このスイッチはオフにしておこう

アプリのアップデートは自動で行うこともできる。「設定」→「App Store」で「Appのアップデート」のスイッチをオンにしておけば、アプリ更新時に自動でアップデートされる。

5 支払い方法の追加や変更を行う

クレジットカードやデビットカードの他、毎月の通信料と共に通信会社へ料金を支払う「キャリア決済」も選択できる。この支払い情報は、iTunes StoreやApple Musicなどのサブスクリプションにも利用される

有料アプリ購入の支払い方法は、画面右上のユーザーアイコンをタップ。続けて最上部のApple IDアカウント名をタップ。次のアカウント画面で「お支払い方法を管理」→「お支払い方法を追加」をタップしよう。

6 プリペイドカードで支払う

App Store画面右上のユーザーアイコンをタップし、アカウント画面の「ギフトカードまたはコードを使う」→「カメラで読み取る」をタップしてコードを読み取る

残高はアカウント画面のアカウント名下に表示される

コンビニなどで購入できる「App Store & iTunesギフトカード」を支払いに利用することもできる。購入したカード裏面の銀ラベルを剥がしてコードを表示。カメラで読み取ってチャージしよう。

確認しておきたいその他のポイント

アプリがホーム画面で見つからない

インストールしたアプリがホーム画面に見当たらなくても、Appライブラリには追加されているはずだ。インストールと同時にホーム画面にも追加したい場合は、「設定」→「ホーム画面」で「ホーム画面に追加」にチェックを入れておこう。

パスワードで認証する場合の設定

インストール時の認証にFace IDやTouch IDを使わない場合は、パスワードの入力頻度も設定できる。「設定」の一番上からApple ID画面を開き、「メディアと購入」→「パスワードの設定」をタップ。有料アプリ購入時に毎回パスワード入力を要求するか、15分以内にパスワード入力済みならパスワード入力を不要にするかを選択できる。無料アプリの入手にもパスワード入力を要求する場合は、「パスワードを要求」をオンにする。

アプリ内で課金を利用する

アプリ自体は無料でも、追加機能やサブスクリプションへの加入が有料となる「App内課金」というシステムもある。ゲームのアイテム購入もApp内課金だ。App内課金の支払い方法やApple ID認証は、アプリインストール時の方法に準ずることになる。

iOSに標準搭載された便利なクラウドサービス

iCloudでさまざまなデータを同期&バックアップする

「iCloud（アイクラウド）」とは、iOSに搭載されているクラウドサービスだ。
iPhone内のデータが自動で保存され、いざという時に元通り復元できるので、機能を有効にしておこう。

iPhoneのデータを守る重要なサービス

Apple IDを作成すると、Appleのクラウドサービス「iCloud」を、無料で5GBまで利用できるようになる。iCloudの役割は大きく2つ。iPhoneのデータの「同期」と「バックアップ」だ。どちらもiPhoneのデータをiCloud上に保存するための機能だが、下にまとめている通り、対象となるデータが異なる。「同期」は、写真やメールといった標準アプリのデータを、常に最新の状態でiCloud上に保存しておき、同じApple IDを使っ

たiPadやMacでも同じデータを利用できるようにする機能。「バックアップ」は、同期できないその他のアプリや設定などのデータを、定期的にiCloudにバックアップ保存しておき、いざという時にバックアップした時点の状態に戻せる機能だ。どちらも重要な機能なので、チェックしておくべき項目と設定方法を知っておこう。

またiCloudには、紛失したiPhoneの位置を特定したり、遠隔操作で紛失モードにできる、「探す」機能なども含まれる。「探す」機能の設定と使い方については、P111で詳しく解説する。

iCloudの役割を理解しよう

iCloudの各種機能を有効にする

「設定」アプリの一番上に表示されるアカウント名（Apple ID）をタップし、続けて「iCloud」をタップすると、iCloudの使用済み容量を確認したり、iCloudを利用するアプリや機能をオン／オフできる。

iCloudでできること

1 標準アプリを「同期」する

「同期」とは、複数の端末で同じデータにアクセスできる機能。対象となるのは、写真（iCloud写真がオンの時）、メール、連絡先、カレンダー、リマインダー、メモ、メッセージ、Safari、iCloud Driveなど標準アプリのデータ。これらは常に最新のデータがiCloud上に保存されており、同じApple IDでサインインしたiPhone、iPad、パソコンなどで同じデータを利用することができる。また、各端末で新しいデータを追加・削除すると、iCloud上に保存されたデータもすぐに追加・削除が反映される。

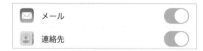

2 その他のデータを「バックアップ」する

「バックアップ」とは、iPhone内のさまざまなデータをiCloud上に保存しておく機能。対象となるのは、同期できないアプリ、通話履歴、デバイスの設定、写真（iCloud写真がオフの時）などのデータ。iPhoneが電源およびWi-Fiに接続されている時に、定期的に自動で作成される。バックアップされるのはその時点の最新データなので、あとから追加・削除したデータは反映されない。iCloudバックアップから復元を実行することで、iPhoneをバックアップが作成された時点の状態に戻すことができる。

POINT

iCloudの同期とバックアップは何が違う?

常に最新データがiCloudに保存される「同期」と、その他のデータをiCloud上に定期的に保存する「バックアップ」は、役割こそ違うが、どちらもiPhoneの中身をiCloudに保存する機能。「同期」されるデータは、常にiCloud上にバックアップされているのと同じと思ってよい。

1 標準アプリを「同期」する

1 同期するアプリを有効にする

同期を有効にするアプリをオン

「設定」で一番上のApple IDをタップし、続けて「iCloud」をタップ。「写真」(iCloud写真)から「キーチェーン」までと「iCloud Drive」が同期できるデータなので、同期したい項目をオンにしよう。

2 iCloud Driveを有効にした場合

オンにする。iCloud Driveに保存されたファイルは、「ファイル」アプリで確認できる

「iCloud Drive」は、他のアプリのファイルを保存できるオンラインストレージだ。オンにしておくと、他のアプリで保存先をiCloudに指定したファイルを同期できるようになる。

3 キーチェーンを有効にした場合

オンにすると保存したIDやパスワードが同期される

↓

パスワードを自動入力

「設定」→「パスワード」→「パスワードを自動入力」でスイッチをオンにしておけば、キーチェーンに保存されたIDとパスワードをログイン時に自動入力できる

「キーチェーン」をオンにすると、iPhoneでWebサービスやアプリにログインする時のIDやパスワードをiCloudに保存し、同じApple IDでサインインした他の端末でも使えるようになる(P089で解説)。

4 その他同期されるデータ

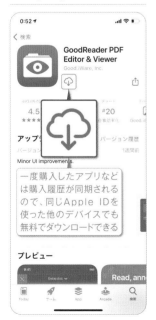

一度購入したアプリなどは購入履歴が同期されるので、同じApple IDを使った他のデバイスでも無料でダウンロードできる

iCloudの設定でスイッチをオンにしなくても、iTunes StoreやApp Storeで購入した曲やアプリ、購入したブック、Apple Musicのデータなどは、iCloudで自動的に同期される。

5 同期したアプリを他のデバイスで見る

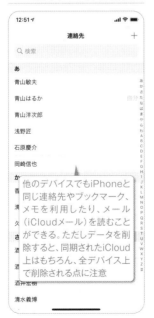

他のデバイスでもiPhoneと同じ連絡先やブックマーク、メモを利用したり、メール(iCloudメール)を読むことができる。ただしデータを削除すると、同期されたiCloud上はもちろん、全デバイス上で削除される点に注意

iPadやMacなど他のデバイスでも同じApple IDでサインインし、iCloudの同期を有効にしておこう。写真やメール、連絡先などのアプリを起動すると、iPhoneとまったく同じ内容が表示される。

6 機種変更した時はどうなる?

同じApple IDでサインインするだけで元の環境に戻る

バックアップと違って、機種変更したときも特に復元作業は必要ない。同じApple IDでサインインを済ませれば、iCloudで同期した写真やメール、連絡先を元通りに表示できる。

POINT

写真の同期機能について理解する

写真をiCloudで同期する方法としては、「iCloud写真」と「マイフォトストリーム」がある。「iCloud写真」はすべての写真やビデオをiCloudに保存する機能なので、写真を撮りためているとすぐにiCloud容量が不足する。これに対し、「マイフォトストリーム」は、iCloudの容量を使わずに写真を同期できる機能だ。ただし保存期間は30日までで、保存枚数は最大1,000枚まで、ビデオのアップロードも不可。あくまでも一時的に写真をクラウド保存できる機能と考えよう。

なお、「iCloud写真」がオフの時は、「フォトライブラリ」をバックアップ対象に選択できる(P032で解説)。オンにすると、現時点の端末内の写真やビデオがすべてiCloudバックアップに含まれる。ただ、iCloudの容量を使うので無料の5GBだと容量が足りない場合が多いし、バックアップされた写真の中身を個別に取り出せない。iCloudの容量を追加購入して写真を保存するなら、「iCloud写真」で同期するほうがおすすめだ。

「iCloud写真」を使う場合はオン

「マイフォトストリーム」を使う場合はオン

「設定」で一番上のApple IDをタップし、「iCloud」→「写真」をタップ。写真の同期設定として、「iCloud写真」と「マイフォトストリーム」をそれぞれ有効にできる。

2 （標準アプリ以外の）iPhoneのデータを「バックアップ」する

1 iCloudバックアップ のオンを確認する

Apple IDの設定画面で「iCloud」→「iCloudバックアップ」をタップし、スイッチのオンを確認しよう。iPhoneが電源およびWi-Fiに接続されている時に、自動でバックアップを作成するようになる。

2 バックアップする アプリを選択する

バックアップサイズが大きい順にアプリが表示される。「すべてのAppを表示」ですべてのアプリを表示

Apple IDの設定画面で「iCloud」→「ストレージを管理」→「バックアップ」→「このiPhone」をタップすると、バックアップ対象のアプリを選択できる。容量を無駄遣いしないよう不要なアプリはオフにしておこう。

3 アプリ内のデータは 元に戻せる?

「iCloud」画面の下の方にあるアプリのスイッチをオンにしておけば、iCloud Drive経由でデータを同期して元に戻せる。手順2でバックアップ対象にしたアプリも基本的に元の環境に戻るが、アプリによっては完全に復元できないデータもある。ログイン情報の復元もアプリによって異なる

アプリ本体は保存されず、復元後に自動で再インストールされる。アプリ内のデータも元に戻るものが多いが、アプリによっては中身のデータがバックアップに含まれず、復元できないものもある。

4 フォトライブラリの バックアップに注意

写真やビデオをよく撮影する場合、「フォトライブラリ」をオンにすると無料の5GBでは容量不足になりがちだ。その場合、容量を追加購入しない限りフォトライブラリをバックアップできない。なお、写真やビデオは手動でパソコンにバックアップすることもできる（P106で解説）

iCloud写真がオフの時は「フォトライブラリ」項目が表示され、端末内の写真やビデオをバックアップ対象にできる。写真をiCloudに保存するなら、P031の通りiCloud写真を使うほうがおすすめだ。

5 手動で今すぐ バックアップする

「iCloud」→「iCloudバックアップ」で「今すぐバックアップを作成」をタップすると、バックアップしたい時に手動ですぐにバックアップを作成できる。前回のバックアップ日時もこの画面で確認できる。

6 バックアップから 復元する

iPhoneを初期化したり（P105で解説）、機種変更した時は、初期設定中の「Appとデータ」画面で「iCloudバックアップから復元」をタップすると、バックアップした時点の状態にiPhoneを復元できる。

7 iCloudの容量を 追加購入する

50GB／月額130円、200GB／月額400円、2TB／月額1,300円のプランが用意されている。特に「iCloud写真」をオンにして写真を撮影していると、すぐに容量が足りなくなるので、iCloud容量の追加購入が必要

iCloudの容量が無料の5GBでは足りなくなったら、「iCloud」→「ストレージを管理」→「ストレージプランを変更」をタップして、有料プランでiCloudの容量を増やしておこう。

POINT

その他自動でバックアップされる項目

- Apple Watchのバックアップ
- デバイスの設定
- HomeKitの構成
- ホーム画面とアプリの配置
- iMessage、SMS、MMS
- 着信音
- Visual Voicemailのパスワード

バックアップ設定でスイッチをオンにしなくても、これらの項目は自動的にバックアップされ、復元できる。「同期」している標準アプリのデータはバックアップや復元の必要がないので、iCloudバックアップには含まれない。

iPhoneを他人に使われないように設定しておく

ロック画面のセキュリティを しっかり設定しよう

不正アクセスなどに気を付ける前に、まずiPhone自体を勝手に使われないように対策しておくことが重要だ。
画面をロックするパスコードとFace IDやTouch IDは、最初に必ず設定しておこう。

顔認証や指紋認証で画面をロック

　iPhoneは、パスコードでロックしておけば他の人に勝手に使われることはない。万が一に備えて、必ず設定しておこう。使う度にパスコード入力を行うのが面倒だという人もいるかもしれないが、iPhoneには顔認証を行える「Face ID」と指紋認証を行える「Touch ID」という機能が備わっている。これらを使えば、毎回のパスコード入力を省略して、画面に顔を向けたりホームボタンに指紋を当てるだけでロックを解除できる。あらかじめ設定しておけば、セキュリティを犠牲にせずスムーズな操作を行えるようになるのだ。Face IDはiPhone 12シリーズをはじめとしたフルディスプレイモデル（ホームボタン非搭載）で利用でき、Touch IDは、iPhone SEをはじめとしたホームボタン搭載モデルで利用できる。それぞれ下記の手順で設定しておけば、画面を見つめた状態で下から上へスワイプするか、ホームボタンを押すだけで（ホームボタンに指紋センサーが内蔵されている）ロックが解除される。なお、マスクや手袋装着時は、パスコードによるロック解除も利用可能だ。

パスコードを設定する

1 パスコードをオンにするをタップ

まだセキュリティ設定を済ませていない場合は、「設定」→「Face（Touch）IDとパスコード」をタップし、「パスコードをオンにする」をタップ。

2 6桁の数字でパスコードを設定

6桁の数字でパスコードを設定すれば、ロック画面の解除にパスコードの入力が求められる。Face IDやTouch IDで認証を失敗したときも、パスコードで解除可能だ。

iPhone 12など
Face IDを設定する

1 Face IDをセットアップをタップ

画面のロックを顔認証で解除できるようにするには、「設定」→「Face IDとパスコード」→「Face IDをセットアップ」をタップ。

2 枠内で顔を動かしてスキャンする

枠内に顔を合わせつつ、首を回して顔のすべての角度を読み取る

「開始」をタップし、画面の指示に従って自分の顔を枠内に入れつつ、ゆっくり首を回すように顔を動かしてスキャンすれば、顔が登録される。

iPhone SEなど
Touch IDを設定する

1 指紋を追加をタップする

画面のロックを指紋認証で解除できるようにするには、「設定」→「Touch IDとパスコード」→「指紋を追加」をタップ。

2 ホームボタンに指を置いて指紋を登録

ホームボタンに指を当てて離す作業を繰り返す

画面の指示に従いホームボタンに指を置き、指を当てる、離すという動作を繰り返すと、iPhoneに指紋が登録される。

POINT

認証ミスを防ぎ素早くロック解除できる設定

注視を不要にする

オフにする

「設定」→「Face IDとパスコード」→「Face IDを使用するには注視が必要」をオフにしておけば、画面を見つめなくても素早くロックを解除できる。ただし、寝ている間に悪用される危険があり安全性は下がる。

同じ指紋を複数登録

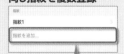

タップして同じ指の指紋を登録

指紋の認証ミスが多いなら、「設定」→「Touch IDとパスコード」で「指紋を追加」をタップし、同じ指の指紋を複数追加しておこう。指紋の認識精度がアップする。

パスコードを4桁に

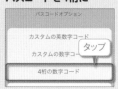

タップ

パスコード設定時に「パスコードオプション」をタップすると、素早く入力できるよう4桁の数字に減らせるが、安全性は下がる。

自分で使いやすい入力方法を選ぼう

iPhoneの文字入力方法を覚えよう

「日本語-かな」か「日本語-ローマ字」+「英語（日本）」で入力

iPhoneでは文字入力が可能な画面内をタップすると、自動的に画面下部にソフトウェアキーボードが表示される。標準で利用できるのは初期設定（P006から解説）で選択したキーボードになるが、下記囲みの通り、後からでも「設定」で自由にキーボードの追加や削除が可能だ。

基本的には、トグル入力やフリック入力に慣れているなら「日本語-かな」キーボード、パソコンのQWERTY配列に慣れているなら「日本語-ローマ字」+「英語（日本）」キーボードの組み合わせ、どちらかで入力するのがおすすめ。あとは、必要に応じて絵文字キーボードも追加しておこう。なお、キーボードの右下にあるマイクのボタンをタップすれば、音声による文字入力を利用できる（P095で解説）。

キーボードを追加する、削除する

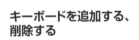

[タップして不要なキーボードの「－」をタップすれば削除できる]

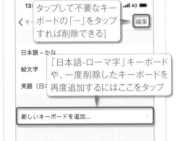

「日本語-ローマ字」キーボードや、一度削除したキーボードを再度追加するにはここをタップ

「設定」→「一般」→「キーボード」→「キーボード」で、キーボードの追加と削除が行える。初期設定で「日本語-ローマ字」キーボードを追加していない場合は、「新しいキーボードを追加」→「日本語」→「ローマ字」で追加できる。使わないキーボードは削除しておいた方が切り替えの手間が減る。

iPhoneで利用できる標準キーボード

日本語-かな

携帯電話のダイヤルキーとほぼ同じ配列のキーボード。「トグル入力」と「フリック入力」の2つの方法で文字を入力」できる。

日本語-ローマ字

パソコンのキーボードとほぼ同じ配列のキーボード。キーは小さくなるが、パソコンに慣れている人はこちらの方が入力しやすいだろう。

トグル入力

 にほ

な +（×2回） は（×5回）

携帯電話と同様の入力方法で、キーをタップするごとに「あ→い→う→え→お→…」と入力される文字が変わる。

フリック入力

にほ

←な + は↓

キーを上下左右にフリックした方向で、入力される文字が変わる。キーをロングタップすれば、フリック方向の文字を確認できる。

ローマ字入力

にほ

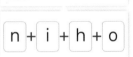

n + i + h + o

「ni」とタップすれば「に」が入力されるなど、パソコンでの入力と同じローマ字かな変換で日本語を入力できる。

英語（日本）

「日本語-ローマ字」キーボードでは、いちいち変換しないと英字を入力できないので、アルファベットを入力する際はこのキーボードに切り替えよう。

絵文字

さまざまな絵文字をタップするだけで入力できる。人物や身体のパーツの絵文字は、タップすると肌の色を変更できる。

キーボードの種類を切り替える

①地球儀と絵文字キーで切り替える
キーボードは、地球儀キーをタップすることで、順番に切り替えることができる。絵文字キーボードに切り替えるには絵文字キーをタップする。

②ロングタップでも切り替え可能
地球儀キーをロングタップすると、利用できるキーボードが一覧表示される。キーボード名をタップすれば、そのキーボードに切り替えできる。

「日本語-かな」での文字
（トグル入力／フリック入力）

「日本語-かな」で濁点や句読点を入力する方法や、
英数字を入力するのに必要な入力モードの
切り替えボタンも覚えておこう。

文字を入力する

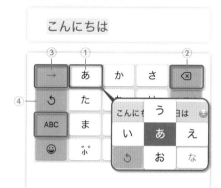

①入力
文字の入力キー。ロングタップするとキーが拡大表示され、フリック入力の方向も確認できる。
②削除
カーソルの左側にある文字を1字削除する。
③文字送り
「ああ」など同じ文字を続けて入力する際に1文字送る。
④逆順
トグル入力時の文字が「う→い→あ」のように逆順で表示される。

濁点や句読点を入力する

①濁点／半濁点／小文字
入力した文字に「゛」や「゜」を付けたり、小さい「っ」などの小文字に変換できる。
②長音符
「わ」行に加え、長音符「ー」もこのキーで入力できる。
③句読点／疑問符／感嘆符
このキーで「、」「。」「?」「!」を入力できる。

文字を変換する

①変換候補
入力した文字の変換候補が表示され、タップすれば変換できる。
②その他の変換候補
タップすれば、その他の変換候補リストが開く。もう一度タップで閉じる。
③次候補／空白
次の変換候補を選択する。確定後は「空白」キーになり全角スペースを入力。
④確定／改行
変換を確定する。確定後は「改行」キー。

アルファベットを入力する

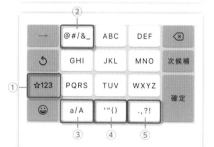

①入力モード切替
日本語入力モードで「ABC」をタップするとアルファベット入力モードになる。
②「@」などの入力
アドレスの入力によく使う「@」「#」「/」「&」「_」記号を入力できる。
③大文字／小文字変換
大文字／小文字に変換する。
④「'」などの入力
「'」「"」「(」「)」記号を入力できる。
⑤ピリオドや疑問符などの入力
「.」「,」「?」「!」を入力できる。

数字や記号を入力する

123☆♪→

①入力モード切替
アルファベット入力モードで「☆123」をタップすると数字／記号入力モードになる。
②数字／記号キー
数字のほか、数字キーの下に表示されている各種記号を入力できる。

記号や顔文字を入力する

①顔文字
日本語入力モードで何も文字を入力していないと、顔文字キーが表示され、タップすれば顔文字を入力できる。
②顔文字変換候補
顔文字の変換候補が表示され、タップすれば入力される。
③その他の顔文字変換候補
タップすれば、その他の変換候補リストが開く。もう一度タップで閉じる。

「日本語-ローマ字」「英語(日本)」での文字入力

日本語入力で「日本語-ローマ字」キーボードを使う場合、アルファベットは「英語(日本)」キーボードに切り替えて入力しよう。

文字を入力する

①入力
文字の入力キー。「ko」で「こ」が入力されるなど、ローマ字かな変換で日本語を入力できる。
②英字入力
ロングタップするとキーが拡大表示され、半角と全角のアルファベットを入力できる。
③削除
カーソル左側の文字を1字削除する。

濁点や小文字を入力する

①濁点/半濁点/小文字
「ga」で「が」、「sha」で「しゃ」など、濁点/半濁点/小文字はローマ字かな変換で入力する。また最初に「l(エル)」を付ければ小文字(「la」で「ぁ」)、同じ子音を連続入力で最初のキーが「っ」に変換される(「tta」で「った」)。
②長音符
このキーで長音符「ー」を入力できる。

文字を変換する

①変換候補
入力した文字の変換候補が表示され、タップすれば変換できる。
②その他の変換候補
タップすれば、その他の変換候補リストが開く。もう一度タップで閉じる。
③次候補/空白
次の変換候補を選択する。確定後は「空白」キーになり全角スペースを入力する。
④確定/改行
変換を確定する。確定後は「改行」キー。

アルファベットを入力する

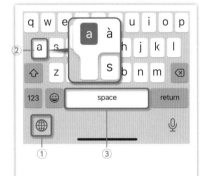

①「英語(日本)」に切り替え
タップ、またはロングタップして「英語(日本)」キーボードに切り替えると、アルファベットを入力できる。
②アクセント記号を入力
一部キーは、ロングタップするとアクセント記号文字のリストが表示される。
③スペースキー
半角スペース(空白)を入力する。ダブルタップすると「. 」(ピリオドと半角スペース)を自動入力する。

シフトキーの使い方

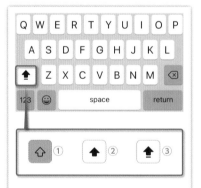

①小文字入力
シフトキーがオフの状態で英字入力すると、小文字で入力される。
②1字のみ大文字入力
シフトキーを1回タップすると、次に入力した英字のみ大文字で入力する。
③常に大文字入力
シフトキーをダブルタップすると、シフトキーがオンのまま固定され、常に大文字で英字入力するようになる。もう一度シフトキーをタップすれば解除され、元のオフの状態に戻る。

句読点/数字/記号/顔文字

①入力モード切替
「123」キーをタップすると数字/記号入力モードになる。
②他の記号入力モードに切替
タップすると、「#」「+」「=」などその他の記号の入力モードに変わる。
③句読点/疑問符/感嘆符
「、」「。」「?」「!」を入力できる。英語キーボードでは「.」「,」「?」「!」を入力。
④顔文字
日本語-ローマ字キーボードでは、タップすると顔文字を入力できる。

「絵文字」での 文字入力

　キーボード追加画面（P034で解説）で「絵文字」が設定されていれば、「日本語-かな」や「日本語-ローマ字」キーボードに絵文字キーが表示されている。タップすると、「絵文字」キーボードに切り替わる。「スマイリーと人々」「動物と自然」「食べ物と飲み物」など、テーマごとに独自の絵文字が大量に用意されているので、文章を彩るのに活用しよう。

絵文字キーボードの画面の見方

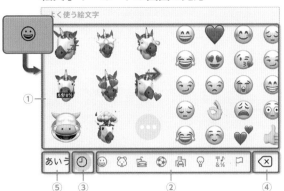

① 絵文字キー
絵文字やアニ文字、ミー文字のステッカーを入力。

② テーマ切り替え
絵文字のテーマを切り替え。左右スワイプでも切り替えできる。

③ よく使う絵文字
よく使う絵文字を表示する。

④ 削除
カーソル左側の文字を1字削除する。

⑤ キーボード切り替え
元のキーボードに戻る

入力した文章を 編集する

　入力した文章をタップするとカーソルが挿入される。さらにカーソルをタップすると上部にメニューが表示され、範囲選択やカット、コピー、ペーストといった編集を行える。3回タップや3本指ジェスチャーも便利なので覚えておこう。

カーソルを挿入、移動する

文字部分をタップすると、その場所にカーソルが挿入され、ドラッグするとカーソルを自由な位置に移動できる。カーソルも大きく表示されるので移動箇所が分かりやすい。

テキスト編集メニューを表示する

カーソル位置を再びタップすると、カーソルの上部に編集メニューが表示される。このメニューで、テキストを選択してコピーしたり、コピーしたテキストを貼り付けることができる。

単語の選択と選択範囲の設定

編集メニューで「選択」をタップするか、または文字をダブルタップすると、単語だけを範囲選択できる。左右端のカーソルをドラッグすれば、選択範囲を自由に調整できる。

3回タップで段落を選択

文章内のひとつの段落を選択したい場合は、段落内を素早く3回タップしよう。その段落全体が選択状態になる。文章全体を選択したい場合は、編集メニューの「すべてを選択」をタップ。

文字をコピー&ペーストする

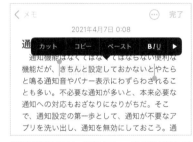

選択状態にすると、編集メニューの内容が変わる。「カット」「コピー」をタップして文字を切り取り／コピー。「ペースト」をタップすればカーソル位置にカット／コピーしたテキストを貼り付ける。

文章をドラッグ&ドロップ

選択したテキストをロングタップすると、少し浮き上がった状態になる。そのままドラッグすれば文章を移動可能だ。指を離せば、カーソルの位置に選択した文章を挿入できる。

3本指で取り消し、やり直し

直前の編集操作を取り消したい時は、3本指で左にスワイプして取り消せる。編集操作を誤って取り消してしまった場合は、3本指で右にスワイプして取り消しをキャンセルできる。

確定した文章を後から変換

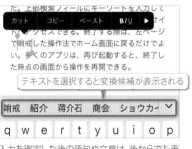

入力を確定した後の語句や文章は、後からでも再変換可能だ。変換し直したい箇所を選択状態にすれば、キーボード上部に変換候補が表示されるので、タップして再び確定しよう。

はじめにチェック!

まずは覚えておきたい操作&設定ポイント

これまでの記事で紹介しきれなかったものの、
確認しておきたい設定ポイントや覚えておくと
よりスムーズにiPhoneを扱える操作法を総まとめ。

01 不要なサウンドをオフにする

キーボードの操作音などを消す

「設定」→「サウンドと触覚」で細かく選択できる

標準では、キーボードで文字を入力するたびにカチカチと音が鳴るほか、メッセージやメールの送信時やTwitterの投稿時にも効果音が鳴るように設定されている。これらの音は「設定」→「サウンドと触覚」でオフ(なし)にできる。特にキーボードの操作音は、確実に入力した感覚を得られる効果はあるものの、公共の場などで気になることも多い。不要ならあらかじめオフにしておこう。

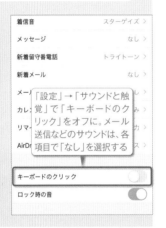

着信音	スターゲイズ >
メッセージ	なし >
新着留守番電話	トライトーン >
新着メール	なし >

「設定」→「サウンドと触覚」で「キーボードのクリック」をオフに。メール送信などのサウンドは、各項目で「なし」を選択する

キーボードのクリック

ロック時の音

02 iOSを最新の状態にアップデートする

iPhone単体で行うにはWi-Fiが必須

Wi-Fiがない場合はiTunesが必要

iOSは、不具合の改善や新機能の追加を行ったアップデート版が時々配信される。「設定」→「一般」→「ソフトウェア・アップデート」項目に赤い丸で「1」と表示されたらアップデートが配信された印。タップしてインストールを進めよう。なお、iPhone単体でアップデートを行うにはWi-Fi接続が必須だ。Wi-Fiがない場合は、パソコンに接続し、iTunes(Windows)やFinder(Mac)で作業を行う必要がある。

iOS 14.4.2
Apple Inc.
746.8 MB

このアップデートには重要なセキュリティアップデートが含まれ、すべてのユーザに推奨されます。

Appleソフトウェア・アップデートのセキュリティコンテンツについては、以下のWebサイトをご覧ください:
https://support.apple.com/kb/HT201222

タップしてインストール

ダウンロードしてインストール

自動アップデート >

03 自動ロックするまでの時間を設定する

短すぎると使い勝手が悪い

セキュリティと利便性のバランスを考慮する

iPhoneは一定時間タッチパネル操作を行わないと、画面が消灯し自動でロックがかかってしまう。このロックがかかるまでの時間は、標準の1分から変更可能。すぐにロックがかかって不便だと感じる場合は、少し長めに設定しよう。ただし、自動ロックまでの時間が長いほどセキュリティは低下するので、使い勝手とのバランスをよく考えて設定する必要がある。2分か3分がおすすめだ。

19:19

< 戻る　　自動ロック

30秒
1分
2分
3分
4分
5分
なし

「設定」→「画面表示と明るさ」→「自動ロック」で設定。「なし」も選べるがセキュリティのリスクがあるのでおすすめできない

04 画面を縦向きに固定する

勝手に回転しないように

このボタンをタップし、画面を縦向きに固定する

寝転んでWebを見る際などは固定する

iPhoneは、内蔵センサーによって本体の向きを感知し、それに合わせて画面の向きも自動で回転する。寝転がってWebサイトを見る際など、意図せず画面が回転してわずらわしい場合は、コントロールセンターの「画面縦向きのロック」で、画面を縦向きに固定しよう。

05 自分のiPhoneの電話番号を確認する

「設定」の「電話」に表示されている

意外と忘れてしまう自分の番号の表示方法

自分のiPhoneの電話番号を忘れてしまった時は、「設定」→「電話」の「自分の番号」を確認すればよい。また、連絡先アプリ上で自分の連絡先を作成し、電話番号を入力。「設定」→「連絡先」→「自分の情報」で、作成した自分の連絡先を選んでおけば、電話アプリの「連絡先」の一番上に「マイカード」として自分の名前が表示される。マイカードをタップして自分の情報を確認できるようになる。

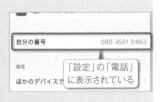

自分の番号　　080 ....

着信

ほかのデバイスで

「設定」の「電話」に表示されている

連絡先

検索

青山はるか
マイカード

あ

青山敏夫

マイカードは連絡先アプリの一番上にも表示される。また、Siriに「自分の電話番号」と話しかけて表示してくれるようにもなる

06 バッテリー残量を正確に把握する

%表示を確認する

iPhone SEなど

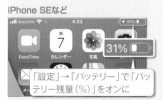

「設定」→「バッテリー」で「バッテリー残量（%）」をオンに

iPhone 12シリーズなど

コントロールセンターを引き出して%表示を確認

ノッチのないモデルは%表示を有効にしよう

iPhone SEなどのホームボタン搭載モデルは、画面上部にノッチがないため、バッテリー残量を%の数値でも表示できる。iPhone 12シリーズなど、画面上部にノッチ（切り欠き）があるモデルの場合は、コントロールセンターを引き出すことで%表示を確認できる。手間なく数値を確認したい場合は、ホーム画面にバッテリー残量のウィジェットを配置する手もある。

07 画面の一番上へ即座に移動する

ステータスバーをタップするだけ

縦スクロール画面で有効な操作法

設定やメール、Twitterなどで、どんどん下へ画面を進めた後にページの一番上まで戻りたい時は、スワイプやフリックをひたすら繰り返すのではなく、ステータスバーをタップしてみよう。それだけで即座に一番上まで画面がスクロールされる。Safariやミュージック、メモをはじめ、縦にスクロールするほとんどのアプリで利用できる操作法なので、ぜひ覚えておこう。

iPhone 12などでは、ノッチ（切り欠き）部分の両脇どちらでもよい。また、Safariの場合は、検索フィールドが表示されるので、もう一度タップする

08 画面のスクロールをスピーディに行う

スクロールバーをドラッグする

フリックを繰り返す必要なし

縦に長いWebサイトやLINEのトーク画面、Twitterのタイムラインなどで、目当ての位置に素早くスクロールしたい場合は、画面右端に表示されるスクロールバーを操作しよう。画面を少しスクロールさせると、画面の右端にスクロールバーが表示されるので、ロングタップしてそのまま上下にドラッグすればよい。縦にスクロールする多くのアプリで使える操作法なので、ぜひ試してみよう。

ロングタップして上下にドラッグ

09 Siriを利用する

iPhoneの優秀な秘書機能

電源ボタンやホームボタンで起動

iPhoneに話しかけることで、情報を調べたり、さまざまな操作を実行してくれる「Siri」。「今日の天気は?」や「ここから○○駅までの道順は?」、「○○をオンに」、「○○に電話する」など多彩な操作をiPhoneにまかせることができる。Siriを起動するには、iPhone 12などフルディスプレイモデルなら電源ボタン（サイドボタン）、iPhone SEなどホームボタン搭載機種ならホームボタンを長押しすればよい。初期設定時にSiriの設定をスキップした場合は、「設定」→「Siriと検索」で、「サイドボタン（ホームボタン）を押してSiriを起動」のスイッチをオンにしよう。

iPhone 12などは、電源ボタンを長押ししてSiriを起動。画面下部にSiriが現れたら用件を伝えよう

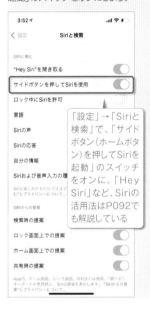

「設定」→「Siriと検索」で、「サイドボタン（ホームボタン）を押してSiriを起動」のスイッチをオンに。「Hey Siri」など、Siriの活用法はP092でも解説している

iPhone SEなどの場合は、ホームボタンを長押ししてSiriを起動。画面下部にSiriが現れたら用件を伝えよう

10 壁紙を好みのイメージに変更する

撮影した写真も設定できる

ロック画面とホーム画面で別々に設定可能

iPhoneの壁紙（画面バックのイメージ）は、自由に変更できる。「設定」→「壁紙」→「壁紙を選択」で好みのイメージを選択しよう。選択画面の「ダイナミック」はアニメーションで動く壁紙で、「Live」は、ロック画面で画面を押すと動く壁紙だ。また、写真アプリのライブラリから自分で撮影した写真も選択することもできる。なお、壁紙はロック画面とホーム画面で、異なるイメージを設定可能だ。

選択画面で壁紙に設定したいイメージを選択。なお、ダークモードについてはP040で解説する

まずは覚えておきたい操作&設定ポイント

11 周囲が暗いときは画面を ダークモードに変更する

設定時間に自動切り替えも可能

ダークモードに切り替える

画面の印象と共に 気分も変えられる

画面を暗い配色に切り替える「ダークモード」。ホーム画面は暗めのトーンになり、各種アプリの画面は黒を基調とした配色に変更され、暗い場所で画面を見ても疲れにくくなる。この機能は、手動での切り替えだけではなく、昼間は通常のライトモードで夜間はダークモードに自動で切り替えることも可能だ。また、いくつかの壁紙は、ダークモード専用のカラーが設定されており、ホーム画面やロック画面の雰囲気をがらっと変えることができる。

> 「設定」→「画面表示と明るさ」の「外観モード」で「ダーク」を選択。「自動」をオンにすれば、オプションで設定したスケジュールで自動切り替えとなる。また、「コントロールのカスタマイズ」（P025で解説）で「ダークモード」を追加すればコントロールセンターに切り替えボタンを表示できる

ダークモード専用カラー が設定された壁紙

> ダークモードになった

> 「設定」→「壁紙」→「壁紙を選択」でこのマークが付いている壁紙を選択すれば、ダークモードのホーム画面やロック画面で専用のカラーに切り替わる。なお、「設定」→「壁紙」で「ダークモードで壁紙を暗くする」をオンにすれば、通常の写真も若干暗くなる

12 アプリの長押しメニュー で各種機能を呼び出す

機能へのショートカットを使う

表示メニューは アプリごとに異なる

ホーム画面のアプリをロングタップすると、さまざまなメニューが表示される。「ホーム画面を編集」や「Appを削除」など共通した項目に加え、それぞれのアプリに独自のメニューが用意されていることがわかるはずだ。これらは、メニューに記載された機能にホーム画面から一足飛びにアクセスできる便利なショートカットだ。よく使うアプリでどんな機能が表示されるか確認しておこう。

> 例えば標準のメールアプリをロングタップすると、「新規メッセージ」や「検索」などのメニューを利用できる

新規メッセージ
検索
フラグ付き
14件のメッセージ
全受信
未開封メッセージなし
ホーム画面を編集
Appを削除

13 アプリに位置情報の 使用を許可する

プライバシー情報を管理する

アプリごとに 使用許可を設定可能

特定のアプリを起動した際に表示される位置情報使用許可に関するメッセージ。マップや天気など、あきらかに位置情報が必要なアプリでは「Appの使用中は許可」を選択すればよい。「許可しない」を選んでも、位置情報が必要な機能を使う際は、設定変更を促すメッセージが表示される。なお、位置情報は、「設定」→「プライバシー」→「位置情報サービス」でまとめて管理できる。

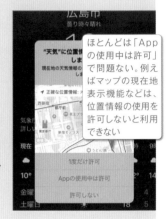

> ほとんどは「Appの使用中は許可」で問題ない。例えばマップの現在地表示機能などは、位置情報の使用を許可しないと利用できない

14 動画やビデオ通話画面 を小さく表示する

ピクチャ・イン・ピクチャ機能を使う

人気動画配信アプリ でも利用できる

動画再生やビデオ通話の画面を小さく表示しながら、ホーム画面や他のアプリを操作できる「ピクチャ・イン・ピクチャ」機能。Apple TVやミュージック（ミュージックビデオ再生画面）などの標準アプリだけではなく、Amazon Prime Videoやhulu、DAZNなどの人気のサブスクリプション動画配信アプリでも利用可能だ。また、FaceTimeも対応しているので、ビデオ通話を行いながらメッセージやメールで各種情報をやり取りするといった使い方もできる。なお、残念ながらYouTubeは対応していない。開始するには、動画再生画面でピクチャ・イン・ピクチャボタンをタップするか、画面下部から上へスワイプしよう。

ピクチャ・イン・ピクチャを開始

> 動画再生画面のピクチャ・イン・ピクチャボタンをタップ。画面下部から上へスワイプする方法もある

> 小さな画面で動画が再生される。ホーム画面に戻ったり他のアプリを操作することが可能だ

再生中画面の各種操作

> 画面をダブルタップすれば、再生画面を少し拡大できる

> 画面はドラッグで移動できる。また画面の左右端にドラッグすれば、一時的に表示を隠せる

> 左上の「×」で画面を消去。右上のボタンでピクチャ・イン・ピクチャ終了

15 Wi-Fiに接続する

パスワードを入力するだけ

Wi-Fiの基本的な接続方法を確認

初期設定でWi-Fiに接続しておらず、後から設定する場合や、友人宅などでWi-Fiに接続する際は、「設定」→「Wi-Fi」をタップし、続けて接続するアクセスポイントをタップ。後はパスワードを入力するだけでOKだ。一度接続したアクセスポイントは、それ以降基本的には自動で接続される。また、既にWi-Fiに接続しているiPhoneやiPadがあれば、端末を近づけるだけで設定可能（P101で解説）。

パスワードを入力して「接続」をタップ

16 画面の明るさを調整する

コントロールセンターで調整

上下にスワイプして明るさを調整

明るさの自動調節もチェックする

iPhoneの画面の明るさは、周囲の明るさによって自動で調整されるが、手動でも調整可能だ。コントロールセンターを引き出し、スライダーを上へスワイプすれば明るく、下へスワイプすれば暗くできる。また、「設定」→「アクセシビリティ」→「画面表示とテキストサイズ」→「明るさの自動調節」をオフにすれば、常に一定の明るさが保たれる（ただし、自動調節は有効にしておくことが推奨される）。

17 機内モードを利用する

飛行気の出発前にオンにする

すべての通信を無効にする機能

航空機内など、電波を発する機器の使用を禁止されている場所では、コントロールセンターで「機内モード」をオンにしよう。モバイルデータ通信やWi-Fi、Bluetoothなどすべての通信を遮断する機能で、航空機の出発前に有効にする必要がある。機内でWi-Fiサービスを利用できる場合は、機内モードをオンにした状態のままで、航空会社の案内に従いWi-Fiをオンにしよう。

機内モードのままWi-FiまたはBluetoothをオンにした場合は、次回機内モードにしたときにもオンの状態になる

18 ホーム画面で呼び出せるiPhone内の検索機能

アプリ内も対象にキーワード検索

ホーム画面を下へスワイプする

ホーム画面の適当な箇所を下へスワイプして表示する検索機能。アプリや設定項目を探したり、Webやメール、メッセージ、メモのデータなど、広範な対象をキーワード検索できる。検索フィールドにワードを入力するに従って、検索結果が絞り込まれていく仕組みだ。検索フィールドの下には、日頃の使い方や習慣を元に次に使うアプリや操作を提案してくれる「Siriからの提案」が表示される。

検索フィールドにキーワードを入力。検索結果や「Siriからの提案」に表示したくないアプリは、「設定」→「Siriと検索」でアプリを選び、該当のスイッチをオフにしよう

19 2本指ドラッグでメールやファイルを選択

複数の対象を素早く選択

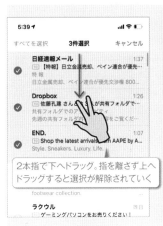

2本指で下へドラッグ。指を離さず上へドラッグすると選択が解除されていく

各種アプリで使える効率的な操作

メールアプリやファイルアプリで複数のメールやファイルをまとめて選択したい場合は、2本指でドラッグしてみよう。素早くスムーズに複数の対象を選択状態にできる。メールを3通選択して指を離し、2通飛ばしてその下の3通を2本指でドラッグして合計6通選択するといった操作も可能だ。この2本指ドラッグの操作は、他にもリマインダーやメモ、メッセージアプリでも利用できる。

20 スクリーンショットを保存する

2つのボタンを同時に押す

加工や共有も簡単に行える

表示されている画面そのままを画像として保存できる「スクリーンショット」機能。iPhone 12などでは、電源ボタンと音量の＋（上げる）ボタンを同時に押して撮影（長押しにならないよう要注意）。ホームボタンのある機種は、電源ボタンとホームボタンを同時に押して撮影する。撮影後、画面左下に表示されるサムネイルをタップすると、マークアップ機能での書き込みや各種共有を行うことができる。

2つのボタンを押すと、画面左下にサムネイルが表示されるが、しばらく待つと消えて、画像が「写真」アプリに保存される。サムネイルをタップするとマークアップ機能を利用できる

21 iPhoneの画面を動画として録画する

画面収録機能を利用する

コントロールセンターに「画面収録」を追加

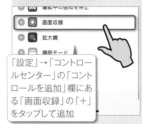

「設定」→「コントロールセンター」の「コントロールを追加」欄にある「画面収録」の「＋」をタップして追加

画面収録を開始

コントロールセンターで画面収録ボタンをタップすれば録画開始。マイクを使う場合は、画面収録ボタンをロングタップ

画面収録をロングタップ後、「マイク」ボタンをタップしてオンにする。何もない部分をタップしてコントロールセンターに戻り、画面収録をタップして録画を開始する

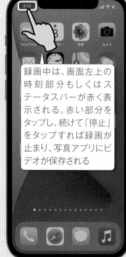

録画中は、画面左上の時刻部分もしくはステータスバーが赤く表示される。赤い部分をタップし、続けて「停止」をタップすれば録画が止まり、写真アプリにビデオが保存される

マイクで外部の音声も録音できる

「画面収録」機能を使えば、iPhoneの画面を動画として録画できる。操作の挙動はもちろん、ゲームなどの映像と音もそのまま録画し、写真アプリに保存できる。また、コントロールセンターで「画面収録」ボタンをロングタップすれば、マイクのオン／オフを設定可能。マイクをオンにすれば、画面に合わせてしゃべった内容も同時に収録できるのだ。まずは、コントロールセンターに「画面収録」のボタンを追加するところからはじめよう。なお、アプリの音が録音されない場合は、iPhoneがサイレントモードになっていないか、本体側面のスイッチを確認しよう。

22 共有機能を利用しよう

データや情報の送信や投稿、保存に利用

多くのアプリで共通するボタン

多くのアプリに備わっている「共有」ボタン。タップすることで共有シートを表示し、データのメール送信やSNSへの投稿、クラウドへの保存などを行える。基本的には別のアプリへデータを受け渡したり、オプション的な操作を行う機能だ。例えばSafariでは、Webページのリンクを送信したりブックマークに追加するといったアクションを利用できる。なお、共有シートに表示されるアプリや機能は、使用アプリによって異なる。

Safariの共有ボタンをタップしたところ。多くのアプリの共有ボタンはこのデザインで共通している

23 QRコードを読み取る

カメラを向けるだけでOK

カメラでQRコードを読み込むと、上部にバナーが表示されるのでタップしよう

簡単に情報にアクセスできる便利機能

指定したWebサイトへの誘導やSNSの情報交換に使われる「QRコード」。iPhoneでは、標準の「カメラ」アプリですぐに読み込むことができる。カメラを起動してQRコードを捉えると、画面上部にバナーが表示され、タップして対応アプリを開くことが可能。コントロールセンターにも「QRコードをスキャン」ボタンを表示できるが、ホーム画面でカメラを起動した場合と違いはない。

24 画面に表示される文字サイズを変更する

7段階から大きさを選択

見やすさと情報量のバランスを取ろう

iPhoneの画面に表示される文字のサイズは、「設定」→「画面表示と明るさ」→「テキストサイズを変更」で7段階から選択できる。現状の文字が読みにくければ大きく、画面内の情報量を増やしたい場合は小さくしよう。ここで設定したサイズは、標準アプリだけではなく、App Storeからインストールしたほとんどのアプリでも反映される。「画面表示と明るさ」で「文字を太くする」をオンにすれば、さらに見やすくなる。

スライダーでサイズを選択する

25 Bluetooth対応機器を接続する

ペアリングの手順を確認

ワイヤレスで各種機器を利用する

iPhoneは、Bluetooth対応のヘッドフォンやスピーカーなどの周辺機器をワイヤレスで接続して利用できる。ワイヤレスなので、Lightningコネクタで充電しながら使える利点もある。まず、Bluetooth機器をペアリングモードにし、iPhoneの「設定」→「Bluetooth」で「Bluetooth」をオンにする。その画面に表示された機器名をタップし、「接続済み」と表示されれば接続完了だ。

接続を解除するときは、「i」ボタンをタップして「接続解除」をタップ。別のデバイスでこの周辺機器を使いたい場合は、「このデバイスの登録を解除」をタップしてペアリングを解除しなければならない

SECTION 02
標準アプリ完全ガイド

本体やiOSの基本操作を覚えたら、最もよく使う
標準アプリ（はじめからインストール
されているアプリ）の使い方をマスターしよう。

Safari

標準ブラウザでWebサイトを快適に閲覧する

さまざまな便利機能を備える標準ブラウザを使いこなそう

　Webサイトを閲覧するには、標準で用意されているWebブラウザアプリ「Safari」を使おう。SafariでWebページを検索するには、アドレスバーにキーワードを入力すればよい。その他、複数ページのタブ切り替え、よく見るサイトのブックマーク登録、ページ内のキーワード検索、過去に見たサイトの履歴表示といった、基本操作を覚えておこう。また、後でオフラインでも読めるようにページを保存しておく「リーディングリスト」や、履歴を残さずWebページを閲覧できる「プライベートモード」など、便利な機能も多数用意されている。

使い始め POINT

タブ機能で複数のサイトを同時に開いておける

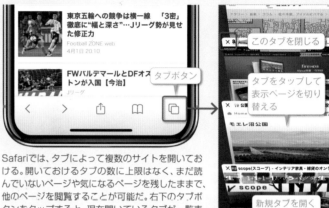

Safariでは、タブによって複数のサイトを開いておける。開いておけるタブの数に上限はなく、まだ読んでいないページや気になるページを残したままで、他のページを閲覧することが可能だ。右下のタブボタンをタップすると、現在開いているタブが一覧表示されるので、タップして表示ページを切り替えよう。「+」をタップすると新しいタブを開ける。また、不要なタブは「×」をタップして閉じればよい。

Webページをキーワードで検索して閲覧する

1 アドレスバーにキーワードを入力して検索する

まずは画面上部のアドレスバーをタップ。キーワードを入力して「開く」をタップすると、Googleでの検索結果が表示される。URLを入力してサイトを直接開くこともできる。

2 前のページに戻る、次のページに進む

左下の「<」「>」ボタンで、前の/次のページを表示できる。ボタンをロングタップすれば、履歴からもっと前の/次のページを選択して開くことができる。

3 文字が小さい画面はピンチ操作で拡大表示できる

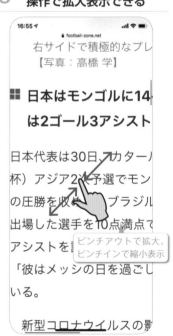

2本の指を外側に押し広げる操作（ピンチアウト）で画面を拡大表示、逆に外から内に縮める操作（ピンチイン）で縮小表示できる。

タブを操作する

1 リンク先を 新しいタブで開く

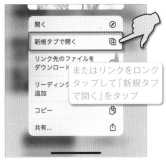

ページ内のリンクを2本指でタップするか、ロングタップして「新規タブで開く」をタップすれば、リンク先を新しいタブで開くことができる。タブの切り替え方法は、左ページの「使い始めPOINT」を参照。

2 開いているすべてのタブを まとめて閉じる

開いているすべてのタブをまとめて閉じるには、タブボタンをロングタップして、表示されるメニューで「○個のタブをすべてを閉じる」をタップすればよい。

3 一定期間見なかった タブを自動で消去

開きっぱなしのタブを自動で閉じるには、「設定」→「Safari」→「タブを閉じる」をタップ。最近表示していないタブを1日／1週間／1か月後に閉じるよう設定できる。

よく利用するサイトをブックマーク登録する

1 表示中のページを ブックマーク登録する

見ているページをブックマークに保存したい場合は、画面下部のブックマークボタンをロングタップ。続けて「ブックマークを追加」をタップ。保存先フォルダを選択して「保存」をタップすればよい。

2 ブックマークから サイトを開く

下部のブックマークボタンをタップすれば、追加したブックマーク一覧が表示される。ブックマークをタップすれば、すぐにそのサイトにアクセスできる。

3 開いているタブを まとめてブックマーク

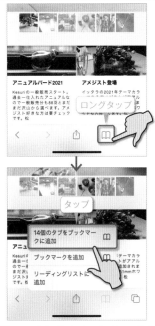

今開いているタブをすべてブックマーク登録したい場合は、ブックマークボタンをロングタップし、続けて「○個のタブをブックマークに追加」をタップする。

ページ内をキーワード検索する／画像を保存する

表示中のページ内を キーワードで検索する

検索したいワードを入力

表示中のページ内に記載された特定のワードを検索するには、アドレスバーに探したいワードを入力し、候補や履歴などの下にある「このページ（○件一致）」の「"○○" を検索」をタップする。

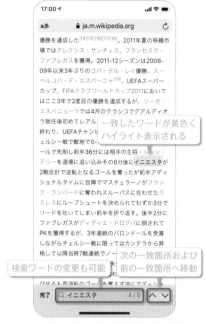

一致したワードが黄色くハイライト表示される

検索ワードの変更も可能

次の一致箇所および前の一致箇所へ移動

ページ内で一致したワードが黄色くハイライト表示される。右下のボタンで、次の一致箇所および前の一致箇所へ移動できる。

ページ内の画像を 保存する

タップ

Webページの画像を端末内に保存したい場合は、画像をロングタップして、表示されたメニューで「"写真"に追加」をタップすればよい。画像は「写真」アプリに保存される。

最近見たサイトをもう一度見るには

1 ブックマークの 「履歴」をタップする

タップ

下部のブックマークボタンをタップしたら、上部メニューの右端にある時計マークをタップして、履歴画面に切り替えよう。

2 過去に閲覧したWeb ページを確認できる

履歴をキーワードで検索

直近1時間／今日／今日と昨日／すべてを選んで履歴を消去する

過去の閲覧ページが一覧表示され、タップすればそのページにアクセスできる。「履歴を検索」でキーワード検索、「消去」をタップで履歴の消去が可能だ。

3 最近閉じたタブを 復元する

ロングタップ

タブボタンをタップし、続けて新規タブ作成の「＋」をロングタップすれば、最近閉じたタブが一覧表示される。誤って閉じたタブをすぐに復元したい場合はこの方法が便利。

その他Safariを使いこなすための便利な機能

＞ パソコン向けのWebページを表示する

> タップ

> モバイル向けではなく、パソコン向けの画面で表示される

スマホ向けにメニューや情報が簡略化されたサイトではなく、パソコンと同じレイアウトや情報量のサイトを表示したい場合は、アドレスバー左の「ああ」→「デスクトップ用Webサイトを表示」をタップしよう。

＞ オフラインでも読めるようにWebページを保存する

> ブックマークボタンをロングタップして「リーディングリストに追加」をタップ。あらかじめ「設定」→「Safari」→「自動的にオフライン用に保存」をオンにしておこう

> 保存したページは、ブックマーク画面の「リーディングリスト」タブから、オフラインでも読むことができる

ブックマークボタンをロングタップし「リーディングリストに追加」をタップ。次の画面で「自動的に保存」を選べば、表示中のページが保存され、オフラインでも読めるようになる。

＞ 履歴を残さずにWebページを閲覧する

> タップしてプライベートブラウズモードと通常モードを切り替える。通常モードに戻る際、タブを消去しておかないと、プライベートモードに残ったままになるので注意しよう

タブボタンをタップし、続けて画面左下の「プライベート」をタップすると、アクセスしたページや検索履歴を残さずWebサイトを閲覧できる。もう一度「プライベート」をタップすると通常モードに戻る。

＞ iPadやMacで開いているタブをiPhoneでも開く

> オンにしておく

> iPadやMacで開いているタブが同期される

iCloudで同期しているiPadやMacのSafariで開いているタブは、iPhoneのSafariにも表示され、タップして開くことができる。タブボタンをタップし、タブ一覧を一番下までスクロールしてみよう。

＞ ページ全体の画面をPDFとして保存する

> 電源ボタンと音量を上げるボタン（iPhone SEなどは電源とホームボタン）を同時に押してスクリーンショットを撮影し、左下のプレビューをタップ

> 「フルページ」タブに切り替えて「完了」→「PDFを"ファイル"に保存」をタップ。PDFが「ファイル」アプリに保存される

まずスクリーンショットを撮影し、左下のプレビューをタップ。「フルページ」タブに切り替えて「完了」をタップし、「PDFを"ファイル"に保存」をタップすれば、Webページ全体をPDFとして保存できる。

＞ 長文記事をシンプルに読みやすく表示する

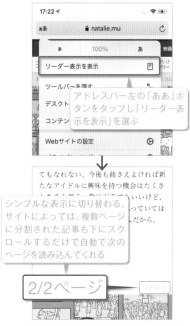

> アドレスバー左の「ああ」ボタンをタップし「リーダー表示を表示」を選ぶ

> シンプルな表示に切り替わる。サイトによっては、複数ページに分割された記事も下にスクロールするだけで自動で次のページを読み込んでくれる

> 2/2ページ

アドレスバー左の「ああ」ボタンをタップし「リーダー表示を表示」を選ぶと、広告などが排除され記事内容だけをシンプルに読みやすく表示してくれる。

電話

「電話」アプリで電話を受ける・かける

電話アプリのさまざまな機能を使いこなそう

iPhoneで電話をかけたり、かかってきた電話を受けるには、ドックに配置された「電話」アプリを利用する。電話をかける際は、キーパッドで番号を直接入力して発信するほか、連絡先や履歴からもすばやく電話をかけられる。電話の着信時にすぐ出られない時は、折り返しの電話を忘れないようリマインダーに登録したり、定型文メッセージをSMSで送信することが可能だ。通話中は音声のスピーカー出力や消音機能を利用できるほか、通話しながらでも他のアプリを自由に操作できる。そのほか、着信拒否の設定や、着信音の変更方法も確認しておこう。

使い始め POINT

「よく使う項目」を設定して利用しよう

電話アプリの「よく使う項目」を開き、左上の「+」をタップする。

連絡先一覧が表示されるので、「よく使う項目」に登録したい連絡先を選択。発信方法として、メッセージ、電話、FaceTimeオーディオ、FaceTimeビデオ、メールなどを選択する。

「よく使う項目」に登録した連絡先と発信方法が一覧表示される。これをタップするだけで、すばやく電話をかけたりFaceTimeで発信できる

電話番号を入力して電話をかける

1 電話番号を入力して電話をかける

まずはホーム画面最下部のドックに配置されている、「電話」アプリをタップして起動しよう。

2 下部メニューのキーパッドをタップする

電話番号を直接入力してかける場合は、下部メニューの「キーパッド」をタップしてキーパッド画面を開く。

3 電話番号を入力して発信ボタンをタップする

ダイヤルキーで電話番号を入力したら、下部の発信ボタンをタップ。入力した番号に電話をかけられる。

4 通話終了ボタンをタップして通話を終える

電源ボタンを押しても通話を終了できる

通話中画面の機能と操作はP050で解説する。通話を終える場合は、下部の赤い通話終了ボタンをタップするか、本体の電源(スリープ)ボタンを押せばよい。

連絡先や履歴から電話をかける

1 連絡先から電話をかける

タップして電話をかける

タップすれば、電話アプリからでもFaceTimeを発信できる

タップ

下部メニュー「連絡先」をタップして連絡先の一覧を開き、電話したい相手を選択。連絡先の詳細画面で、電話番号をタップすれば、すぐに電話をかけられる。なお、連絡先の登録方法はP052以降で解説している。

2 通話履歴から電話をかける

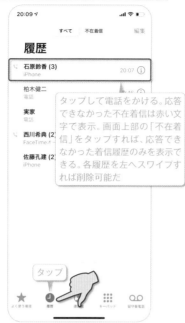

タップして電話をかける。応答できなかった不在着信は赤い文字で表示。画面上部の「不在着信」をタップすれば、応答できなかった着信履歴のみを表示できる。各履歴を左へスワイプすれば削除可能だ

タップ

下部メニュー「履歴」をタップすると、FaceTimeを含め発信者履歴（不在着信も含まれる）が一覧表示される。履歴から相手をタップすれば、すぐに電話をかけることができる。

3 キーパッドでリダイヤルする

最後にキーパッドで電話をかけた相手の番号が表示される

タップ

キーパッド画面で何も入力せず発信ボタンをタップすると、最後にキーパッドで電話をかけた相手の番号が表示される。再度発信ボタンをタップすれば、すぐにリダイヤルできる。

かかってきた電話を受ける／拒否する

1 電話の受け方と着信音を即座に消す方法

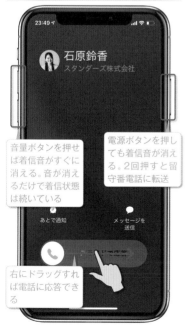

音量ボタンを押せば着信音がすぐに消える。音が消えるだけで着信状態は続いている

電源ボタンを押しても着信音が消える。2回押すと留守番電話に転送

右にドラッグすれば電話に応答できる

画面ロック中にかかってきた電話は、受話器アイコンを右にドラッグすれば応答できる。使用中にかかってきた場合は、バナーで「応答」か「拒否」をタップして対応する。

2 「後で通知」でリマインダー登録

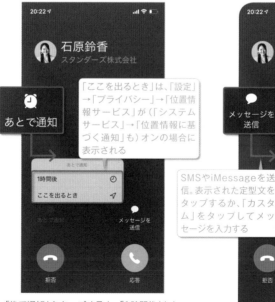

「ここを出るとき」は、「設定」→「プライバシー」→「位置情報サービス」が（「システムサービス」→「位置情報に基づく通知」も）オンの場合に表示される

「後で通知」をタップすると、「1時間後」もしくは「ここを出るとき」に通知するよう、リマインダーアプリにタスクを登録できる。iPhone利用中の着信でこの操作を行うには、着信のバナーをタップして、操作画面を表示すればよい。

3 「メッセージ」で定型文を送信

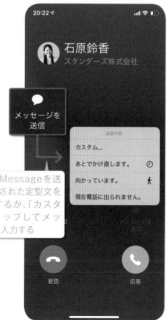

SMSやiMessageを送信。表示された定型文をタップするか、「カスタム」をタップしてメッセージを入力する

「メッセージを送信」をタップすると、いくつかの定型文で、相手にメッセージを送信できる。定型文の内容は「設定」→「電話」→「テキストメッセージで返信」で編集できる。

通話中に利用できる主な機能

1 自分の声が相手に聞こえないように消音する

タップ

自分の声を一時的に相手に聞かせたくない場合は、「消音」をタップしよう。マイクがオフになり相手に音声が届かなくなる。もう一度タップして消音を解除できる。

2 通話中にダイヤルキーを入力する

宅配便の再配達サービスや各種サポートセンターなど、通話中にキー入力を求められた際にキーパッドを表示して、数字キーをタップしよう

タップして元の画面に戻る

音声ガイダンスなどでダイヤルキーの入力を求められた場合などは、「キーパッド」をタップすればダイヤルキーが表示される。「非表示」で元の画面に戻る。

3 FaceTimに切り替えや割り込み通話を利用

タップしてFaceTimeに切り替える（FaceTimeについてはP064で詳しく解説）

別の電話がかかってきたら「（現在の通話を）終了して応答」か「（現在の通話を）保留して応答」、「拒否」を選択できる

相手がiPhoneなら「FaceTime」ボタンでFaceTimeに切り替えられる。また、通話中にかかってきた別の電話に出ることもできる（「キャッチホン」や「割込通話サービス」などのオプション契約が必要）。

4 音声をスピーカーに出力する

タップ

本体を机などに置いてハンズフリーで通話したい場合は、「スピーカー」をタップしよう。通話相手の声がスピーカーで出力される。

5 バナーをタップして全画面表示に切り替え

バナーをタップ

全画面の通話画面に切り替わり、各種操作を行える

iPhone使用中の着信にバナーで応答した場合、通話を開始してもバナーが表示されたままだ。各種操作を行うにはバナーをタップして全画面表示にしよう。

6 通話中でも他のアプリを自由に操作できる

iPhone 12などのフルディスプレイモデルの場合は、緑色になった時刻表示部分をタップして通話画面に戻る

iPhone SEなどの場合は、緑色になったステータスバーをタップして通話画面に戻る

通話中でもホーム画面に戻ったり、他のアプリを自由に操作できる。通話継続中は画面上部に緑のバーが表示され、これをタップすれば元の通話画面に戻る。

キャリアの留守番電話サービスを利用する

留守番電話の利用には
オプション契約が必要

　伝言メッセージが保存される留守番電話機能を使いたい場合は、ドコモなら「留守番電話サービス」、auなら「お留守番サービス EX」の契約が必要だ。ソフトバンクは一部プランを除いて無料の留守番電話サービスを使えるが、伝言メッセージをiPhoneに保存して、いつでも好きな順番に録音されたメッセージを再生できる「ビジュアルボイスメール」を利用するには、別途「留守番電話プラス」の契約が必要となる。料金はすべて月額330円（税込）。なお、新料金プランのahamo、povo、LINEMOでは留守番電話サービスは利用できないので注意しよう。

留守番電話が録音されると、画面下部メニューの「留守番電話」にバッジが表示される。

1 留守番メッセージを確認する

「ビジュアルボイスメール」機能が有効なら、録音されたメッセージはiPhoneに自動保存され、電話アプリの「留守番電話」画面からオフラインでも再生できる。

2 ロック画面からでもメッセージを再生できる

ロック画面で留守番電話の通知をロングタップすれば、ビジュアルボイスメールの再生画面が表示され、タップしてメッセージを聞くことができる。

その他の便利な機能、設定

特定の連絡先からの着信を拒否する

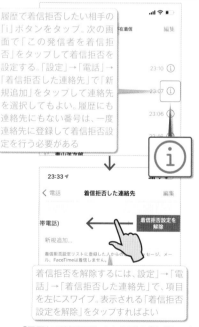

履歴で着信拒否したい相手の「i」ボタンをタップ。次の画面で「この発信者を着信拒否」をタップして着信拒否を設定する。「設定」→「電話」→「着信拒否した連絡先」で「新規追加」をタップして連絡先を選択してもよい。履歴にも連絡先にもない番号は、一度連絡先に登録して着信拒否設定を行う必要がある

着信拒否を解除するには、設定」→「電話」→「着信拒否した連絡先」で、項目を左にスワイプ。表示される「着信拒否設定を解除」をタップすればよい

「履歴」で着信拒否したい相手の「i」ボタンをタップ。連絡先の詳細が開くので、「この発信者を着信拒否」→「連絡先を着信拒否」をタップすれば着信拒否に設定できる。

相手によって着信音を変更する

タップすると、内蔵の着信音やiTunesで転送した着信音が一覧表示される。バイブパターンは「バイブレーション」から変更。「着信音/通知音ストア」で「iTunes Store」が開き、着信音を購入可能

着信音を相手によって個別に設定したい場合は、まず「連絡先」画面で変更したい連絡先を開き「編集」をタップ。「着信音」をタップして、好きな着信音に変更すればよい。

FaceTimeやLINEの不在着信での注意点

電話の履歴にFaceTimeやLINEの不在着信は残るが…

電話の通知には反応せず、バッジも表示されない。ロック画面にも電話の通知は表示されない。FaceTimeやLINEの通知で確認するようにしよう

FaceTimeやLINEの着信履歴も電話アプリに表示されるが、電話アプリの通知機能には表示されない。不在着信に気付かないことがあるので注意しよう。

連絡先

「連絡先」アプリで連絡先を管理する

iPhoneやAndroidスマホからの連絡先移行は簡単

　iPhoneで連絡先を管理するには、「連絡先」アプリを利用する。機種変更などで連絡先を移行したい場合、移行元がiPhoneやiPadであれば、同じApple IDでiCloudにサインインして、「連絡先」をオンにするだけで、簡単に連絡先の内容を移行元とまったく同じ状態にできる。また、移行元がAndroidスマホであっても、iCloudの代わりにGoogleアカウントを追加して、「連絡先」をオンにするだけで、連絡先を移行可能だ。なお、iPhoneで連絡先を作成したり編集、削除することは可能だが、グループの作成と振り分け、削除した連絡先の復元などは、パソコンで行う必要がある。

使い始め POINT

機種変更で連絡先を引き継ぐ

● iPhone／iPadから連絡先を引き継ぐ

連絡先の移行元がiPhoneやiPadであれば、まず移行元の端末で「設定」の一番上のApple ID画面を開き、「iCloud」→「連絡先」をオンにする。次に移行先のiPhoneで、移行元と同じApple IDでサインインし、同じ「連絡先」のスイッチをオンにする。これで移行元と同じ連絡先が利用できる。

● Androidスマホから連絡先を引き継ぐ

移行元がAndroidスマホなら、連絡先はGoogleアカウントに保存されているはずだ。移行先のiPhoneで「設定」→「連絡先」→「アカウント」→「アカウントを追加」→「Google」をタップし、Googleアカウントを追加。「連絡先」をオンにしておけば、Googleアカウントの連絡先が同期される。

新しい連絡先を作成する

1 新規連絡先を作成する

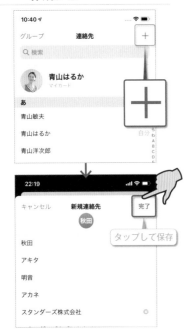

新しい連絡先を作成するには右上の「＋」をタップ。名前や電話番号を入力し、「完了」をタップで保存できる。「写真を追加」をタップすれば、この連絡先に写真を設定できる。

2 複数の電話やメール、フィールドを追加

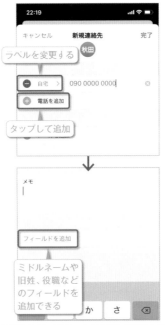

「電話を追加」「メールを追加」で複数の電話やメールアドレスを追加できる。下部の「フィールドを追加」で入力項目を増やすことも可能だ。

使いこなしヒント

新規連絡先の保存先をGoogleアカウントに変更する

　上記「使い始めPOINT」の通り、Androidスマホから移行した連絡先は、Googleアカウントに保存されている。しかし、iPhoneで連絡先を新規作成すると、デフォルトではiCloudアカウントに保存してしまう。このままだと、移行した連絡先とiPhoneで作成した連絡先の保存先が異なってしまい管理が面倒だ。そこで、iPhoneで新規作成した連絡先の保存先を、Googleアカウントに変更しておこう。「設定」→「連絡先」→「デフォルトアカウント」で「Gmail」にチェックしておけば、新規作成した連絡先はGoogleアカウントに保存されるようになる。

連絡先を編集、削除、復元する

1 登録済みの連絡先を編集する

連絡先を選んで開き、右上の「編集」をタップすれば編集モードになり、登録済みの内容を編集できる。

2 不要な連絡先を削除する

編集モードで下までスクロールして「連絡先を削除」→「連絡先を削除」をタップすれば、この連絡先を削除できる。

3 パソコンで効率よく連絡先を作成、編集する

Webブラウザでhttps://www.icloud.com/にアクセスし、iPhoneと同じApple IDでサインインしたら、「連絡先」をクリック

連絡先を選択して「編集」をクリックすれば、内容を編集できる。画面下部の「+」から、新規連絡先や新規グループの作成も可能だ。

新規連絡先
新規グループ

パソコンのWebブラウザでiCloud.comにアクセスして「連絡先」を開けば、iPhoneで入力するよりも効率的に連絡先を編集できる。複数の連絡先を選択して一括削除も可能だ。また、iPhoneの連絡先アプリではできない、グループの作成と振り分けも行える。

4 削除した連絡先を復元する

パソコンのWebブラウザでhttps://www.icloud.com/にサインインし、「アカウント設定」→「連絡先の復元」をクリック

連絡先の復元

連絡先のバックアップが一覧表示されるので、復元したい日時のデータを選び、「復元」をクリックで復元できる

復元

誤って削除した連絡先は、iCloud.com（https://www.icloud.com/）の「設定」を開き、詳細設定欄にある「連絡先の復元」から復元可能だ。復元したい日時を選択しよう。

その他の便利な操作法

連作先で「自分の情報」を設定する

「設定」→「連絡先」→「自分の情報」で自分の連絡先を指定しておけば、連絡先の最上部に、「マイカード」として自分の連絡先が表示されるようになる。

連絡先を他のユーザーに送信する

送信したい連絡先を開き、「連絡先を送信」をタップ。近くにいるiPhoneやiPadユーザーへ送るなら「AirDrop」の利用がおすすめ。その他、メールやメッセージなどさまざまな方法で送信できる。

重複した連絡先を結合する

同じ連絡先の情報が重複している場合は、ひとつを選んで「編集」→「連絡先をリンク」をタップ。重複しているもうひとつの連絡先を選択して「リンク」をタップすれば結合できる。

メール

自宅や会社のメールもこれ一本でまとめて管理

まずは送受信したいメールアカウントを追加していこう

iPhoneに標準搭載されている「メール」アプリは、自宅のプロバイダメールや会社のメール、ドコモ／au／ソフトバンクの各キャリアメール、GmailやiCloudメールといったメールサービスなど、複数のアカウントを追加してメールを送受信できる便利なアプリだ。まずは「設定」→「メール」→「アカウント」→「アカウントを追加」で、メールアプリで送受信したいアカウントを追加していこう。iCloudメールやGmailなどは、アカウントとパスワードを入力するだけで追加できる簡易メニューが用意されているが、自宅のプロバイダメールや会社のメールアカウントは「その他」から手動で設定する必要がある。

使い始め POINT

「設定」でアカウントを追加する

メールアプリで送受信するアカウントを追加するには、まず「設定」アプリを起動し、「パスワードとアカウント」→「アカウントを追加」をタップ。Gmailは「Google」をタップしてGmailアドレスとパスワードを入力すれば追加できる。自宅や会社のメールは「その他」をタップして下記手順の通り追加する。

● **キャリアメールを追加するには**

ドコモメール（@docomo.ne.jp）、auメール（@au.com／@ezweb.ne.jp）、ソフトバンクメール（@i.softbank.jp）を使うには、Safariでそれぞれのサポートページにアクセスし、設定を簡単に行うための「プロファイル」をインストールすればよい。初めてキャリアメールを利用する場合はランダムな英数字のメールアドレスが割り当てられるが、アカウントの設定時に好きなアドレスに変更できる。

自宅や会社のメールアカウントを追加する

1 メールアドレスとパスワードを入力する

「設定」→「メール」→「アカウント」→「アカウントを追加」→「その他」→「メールアカウントを追加」をタップ。自宅や会社のメールアドレス、パスワードなどを入力し、右上の「次へ」をタップする。

2 受信方法を選択しサーバ情報を入力

受信方法を選択し、IMAPもしくはPOPサーバおよびSMTPサーバ情報を入力後、「保存」をタップ

受信方法を「IMAP」と「POP」から選択。対応していればIMAPがおすすめだが、ほとんどの場合はPOPで設定する。プロバイダや会社から指定されている、受信サーおよび送信サーバ情報を入力しよう。

3 メールアカウントの追加を確認

アカウントを確認

サーバとの通信が確認されると、元の「アカウント」設定画面に戻る。追加したメールアカウントがアカウント一覧に表示されていればOK。

受信したメールを読む、返信する

1 メールアプリを タップして起動する

アカウントの追加を済ませたら、「メール」アプリを起動しよう。アイコンの右上にある③などの数字（バッジ）は、未読メール件数。

2 メールボックスを タップして開く

メールボックス画面では、追加したアカウントごとのメールを確認できるほか、「全受信」をタップすれば、すべてのアカウントの受信メールをまとめて確認できる。

3 読みたいメールを タップする

メールボックスを開くと受信メールが一覧表示されるので、読みたいメールをタップしよう。画面を下にスワイプすれば、手動で新着メールをチェックできる。

4 メール本文を 開いて読む

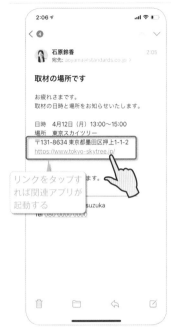

件名をタップするとメール本文が表示される。住所や電話番号はリンク表示になり、タップするとブラウザやマップが起動したり、電話を発信できる。

5 返信・転送メールを 作成するには

右下の矢印ボタンから「返信」「全員に返信」「転送」メールなどを作成できる。「ゴミ箱」で削除したり、「フラグ」で重要なメールに印を付けることもできる。

6 返信メールは 会話形式で表示される

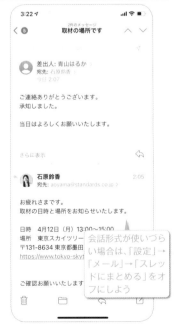

同じ件名で返信されたメールは、ひとつの画面でまとめて表示され、会話形式で表示される。右上の「∧」「∨」ボタンで前の／次のメールに移動する。

7 メールに添付された ファイルを開く

添付ファイルが写真やPDF、オフィス文書の場合は、タップしてダウンロード後にプレビュー表示可能。また、ロングタップすればメニューが表示され、保存や別アプリで開くなど、さまざまな操作を行える。

新規メールを作成、送信する

1 新規メール作成ボタンを タップする

新規メールを作成するには、画面右下にある ボタンをタップ。メールの作成画面が開く。

2 宛先を入力、または 候補から選択する

「宛先」欄にメールアドレスを入力する。また は、名前やアドレスの一部を入力すると、連絡 先に登録されているデータから候補が表示さ れるので、これをタップして宛先に追加する。

3 複数の相手に同じ メールを送信する

リターンキーで宛先を確定させると、自動的 に区切られて他の宛先を入力できるようにな る。複数の宛先を入力し、同じメールをまと めて送信することが可能だ。

4 宛先にCc／Bcc欄を 追加する

複数の相手にCcやBccでメールを送信した い場合は、宛先欄の下の「Cc/Bcc,差出人」 欄をタップすれば、Cc、Bcc、差出人欄が個 別に開いてアドレスを入力できる。

5 差出人アドレスを 変更する

複数アカウントを設定しており、差出人アド レスを変更したい場合は、「差出人」欄をタッ プ。差出人として使用したいアドレスを選択 しよう。

6 件名、本文を入力して 送信する

宛先と差出人を設定したら、あとは件名と本 文を入力して、右上の送信ボタンをタップす れば、メールを送信できる。

下書きメール／ファイルの添付

＞ 作成中のメールを 下書き保存する

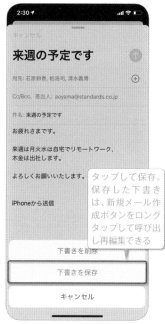

タップして保存。保存した下書きは、新規メール作成ボタンをロングタップして呼び出し再編集できる

左上の「キャンセル」をタップして「下書きを保存」で作成中のメールを下書き保存できる。下書きメールを呼び出すには、新規メール作成ボタンをロングタップする。

＞ 写真やファイル、手書き スケッチを添付する

写真やビデオ、ファイル、カメラで撮影した書類、手書きで描画したスケッチなどを添付できる

本文内をダブルタップすると表示されるメニューか、またはキーボード上のショートカットボタンから、さまざまなファイルを添付できる。

＞ 大きなサイズの ファイルを送信する

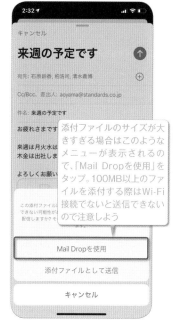

添付ファイルのサイズが大きすぎる場合はこのようなメニューが表示されるので、「Mail Dropを使用」をタップ。100MB以上のファイルを添付する際はWi-Fi接続でないと送信できないので注意しよう

サイズが巨大なファイルでも、送信時に「Mail Dropを使用」をタップすれば、相手には30日以内ならいつでもファイルをダウンロードできるリンクを送信する。

キーワード検索／フィルタ機能

＞ メールをキーワード 検索する

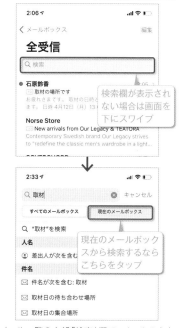

検索欄が表示されない場合は画面を下にスワイプ

現在のメールボックスから検索するならこちらをタップ

メール一覧の上部「検索」欄で、メールの本文／宛先／件名などをキーワード検索できる。現在のメールボックスのみに絞って検索することも可能。

＞ フィルタ機能でメールを 絞り込む

タップ

タップしてフィルタ条件を変更

適用中のフィルタ：未開封

メール一覧画面で左下のフィルタボタンをタップすると、「未開封」などの条件で表示メールを絞り込める。フィルタ条件を変更するには「適用中のフィルタ」をタップ。

フィルタは、適用するアカウントを選択できる他、適用する項目、宛先、添付ファイル付きのみ、VIPからのみ、といった条件も変更できる。

メールを操作、整理する

大量の未読メールを まとめて既読にする

大量にたまった未読メールは、メール一覧画面の「編集」をタップし、「すべてを選択」→「マーク」→「開封済みにする」をタップすれば、まとめて既読にできる。

重要なメールは 「フラグ」を付けて整理

重要なメールは、右下の返信ボタンから「フラグ」をタップし、好きなカラーのフラグを付けておこう。メールボックス一覧の「フラグ付き」で、フラグを付けたメールのみ表示できる。

メールを左右に スワイプして操作する

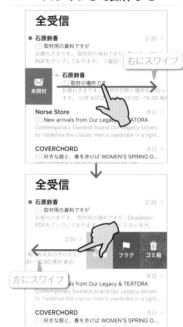

メール一覧画面で、メールを右にスワイプすると開封／未開封、左にスワイプすると「その他」「フラグ」「ゴミ箱」操作を行える。Gmailのメールでは「ゴミ箱」の部分が「アーカイブ」となる。

メールを他のフォルダに 移動する

右下の返信ボタンから「メッセージを移動」で、メールを他のフォルダに移動できる。左上の「戻る」をタップすれば、他のメールアカウントのフォルダも選べる。

すべての送信済みメール も表示する

メールボックス一覧の「編集」をタップし、「すべての送信済み」にチェックすれば、「全受信」と同様にすべてのアカウントの送信済みメールを、まとめて確認できる。

メール内容から連絡先や イベントを追加する

メール本文に連絡先やイベントが含まれていると、メールの上部にバナーが表示される。これをタップすれば、すばやく連絡先やイベントを追加できる。

より便利に使う設定や操作法

＞ デフォルトの差出人を設定する

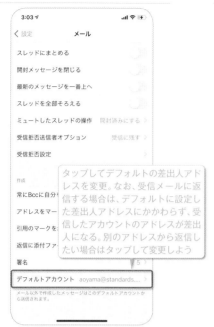

> タップしてデフォルトの差出人アドレスを変更。なお、受信メールに返信する場合は、デフォルトに設定した差出人アドレスにかかわらず、受信したアカウントのアドレスが差出人になる。別のアドレスから返信したい場合はタップして変更しよう

新規メールを作成する際のデフォルトの差出人アドレスは、「設定」→「メール」→「デフォルトアカウント」をタップすれば、他のアドレスに変更できる。

＞ 「iPhoneから送信」の署名を変更する

> 「アカウントごと」にチェックすると個別に署名を設定できる

メール作成時に本文に挿入される「iPhoneから送信」という署名は、「設定」→「メール」→「署名」で変更できる。アカウントごとに個別の署名を設定可能だ。

＞ メール削除前に確認するようにする

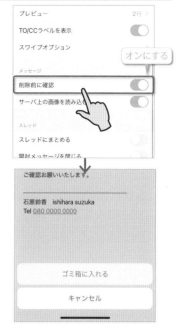

「設定」→「メール」→「削除前に確認」をオンにしておくと、メールを削除する際に、「ゴミ箱に入れる」という確認メッセージが表示されるようになる。

＞ ロック画面にメールの内容を表示させない

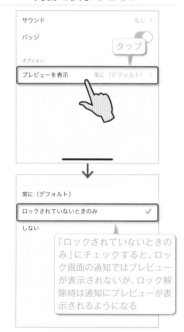

> 「ロックされていないときのみ」にチェックすると、ロック画面の通知ではプレビューが表示されないが、ロック解除時は通知にプレビューが表示されるようになる

「設定」→「通知」→「メール」でアカウントを選択し、「プレビューを表示」をタップ。「ロックされていないときのみ」か「しない」にチェックしておけば、ロック画面などの通知にメール内容の一部が表示されなくなる。

＞ 添付の写真やPDFに書き込んで返信する

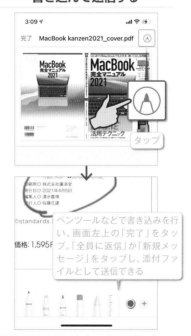

> ペンツールなどで書き込みを行い、画面左上の「完了」をタップ。「全員に返信」か「新規メッセージ」をタップし、添付ファイルとして送信できる

添付の写真やPDFをタップしてプレビュー表示し、続けて画面右上のマークアップボタンをタップ。写真やPDFにフリーハンドで書き込みを行い、メールに添付して返信できる。

＞ 特定の相手のメールを受信拒否する

差出人名をタップして連絡先の詳細を開き、「この連絡先を受信拒否」→「この連絡先を受信拒否」をタップしておけば、この相手からのメールを受信拒否できる。

メッセージ

「メッセージ」で使える3種類のサービスを知ろう

宛先によって使うサービスが自動で切り替わる

「メッセージ」は、LINEのように会話形式でメッセージをやり取りできるアプリ。このアプリを使って、iPhone、iPad、Mac相手に送受信きる「iMessage」と、電話番号で送受信する「SMS」、キャリアメール(@au.com/@ezweb.ne.jp、@softbank.ne.jp)で送受信する「MMS」の、3種類のメッセージサービスを利用できる。使用するサービスは自分で選択するのではなく、メッセージアプリが宛先から判断して自動で切り替える仕組み。それぞれのサービスの特徴、切り替わる条件、どのサービスでやり取りしているかの確認方法を右にまとめている。

使い始め POINT

送受信できるメッセージの種類と条件

iMessage iPhoneやiPad、Macに送信

iMessage機能を有効にしたiPhone、iPad、Mac相手に無料でメッセージをやり取りできる。画像や動画の添付も可能。宛先は電話番号またはApple IDのメールアドレス(アドレスは追加可能)で、画像や動画、音声の添付はもちろん、ステッカーやエフェクト、開封証明や位置情報の送信など、多彩な機能を利用できる。

SMS 電話番号宛てにテキストを送信

スマートフォンやガラケーの電話番号宛てに全角670文字までのテキストを送信できる。画像などは添付できず、1通あたり3円~30円の料金がかかる

MMS Android端末やパソコンのメールに送信

Androidスマートフォンやパソコンのメールアドレス宛てに画像、動画を添付したメッセージを無料で送信できる。ただしMMSアドレスを使えるのはauとソフトバンクのみ。ドコモ版はMMS非対応なので、iPhone、iPad、Mac以外の相手とメッセージアプリで画像や動画をやり取りできない。「メール」アプリを利用しよう。

使用中のメッセージサービスの見分け方

● **iMessage**

> こんばんは
>
> 配信済み

iMessageで送信したメッセージは、自分のフキダシが青色になる

● **SMS/MMS**

> こんばんは

SMSまたはMMSで送信したメッセージは、自分のフキダシが緑色になる

---

iMessage/MMSを利用可能な状態にする

> ### iMessageを利用可能な状態にする

オンにするとiMessageが有効になる

タップしてApple IDでサインインすれば、メッセージの送受信に使うアドレスを複数選択できる

「設定」→「メッセージ」で「iMessage」をオン。「送受信」をタップしApple IDでサインインを済ませれば、電話番号以外にApple IDでも送受信が可能になる。

「設定」でApple IDをタップ

「名前、電話番号、メール」→「編集」→「メールまたは電話番号を追加」で、新しい送受信アドレスを追加できる

電話番号とApple ID以外の送受信アドレスは、「設定」上部のApple IDをタップして開き、「名前、電話番号、メール」→「編集」をタップして追加できる。

> ### MMSを利用可能な状態にする

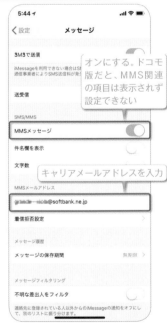

オンにする。ドコモ版だと、MMS関連の項目は表示されず設定できない

キャリアメールアドレスを入力

au/ソフトバンクのiPhoneのみ、「設定」→「メッセージ」で「MMSメッセージ」をオンに、「MMSメールアドレス」にキャリアメールを入力しておけば、MMSを利用できる。

メッセージアプリでメッセージをやり取りする

1 新規メッセージを作成する

タップして新規メッセージを作成。すでにやり取りしたことがある相手にメッセージを送信する場合は、この画面のスレッド一覧から名前をタップしよう

iMessageやMMSの設定を済ませたら、「メッセージ」アプリを起動しよう。右上のボタンをタップすると、新規メッセージの作成画面が開く。

2 宛先を入力または連絡先から選択する

iMessageで送信できる相手は青い文字、SMS／MMSの送信になる相手は緑の文字で表示される

「宛先」欄で宛先を入力するか、「+」ボタンで連絡先から選択しよう。iMessageを利用可能な相手は、青い文字で表示される。

3 メッセージを入力して送信する

タップ

メッセージ入力欄にメッセージを入力して、右端の「↑」ボタンをタップすれば、メッセージが送信される。相手とのやり取りは吹き出しの会話形式で表示される。

4 メッセージで写真やビデオを送信する

タップ

入力欄下のAppパネルから写真ボタンをタップすると、端末内の写真やビデオを選択して送信できる。またカメラボタンをタップすれば、写真やビデオを撮影して送信できる。

5 メッセージに動きやエフェクトを加えて送信

プレス、またはロングタップ

上部で「スクリーン」を選べば、左右にスワイプして派手な効果を利用できる

送信（「↑」）ボタンをロングタップすれば、フキダシや背景にさまざまな特殊効果を追加する、メッセージエフェクトを利用できる。

使いこなしヒント

よくやり取りする相手を上部に配置する

右にスワイプしてピンマークをタップ

リスト上部にアイコンで配置される

よくやり取りする相手やグループは、スレッドを右にスワイプしてピンマークをタップしておこう。最大9人（グループ）まで、リストの上部にアイコンで固定表示しておける。タップしてすばやくメッセージを開くことが可能だ。

ステッカーでキャラクターやイラストを送信する

1 ステッカーを インストールする

LINEのスタンプのように、キャラクターやアニメーションでコミュニケーションできる「ステッカー」機能。AppパネルにあるApp Storeボタンをタップすると、iMessageで使えるApp Storeが開く。使いたいステッカーを探してインストールしよう。

2 メッセージに ステッカーを貼る

ステッカーは選択してそのまま送信できるほか、ドラッグして吹き出しや写真に重ねることもできる

インストールしたステッカーは、Appパネルに一覧表示される。ステッカーを選んで送信するか、またはドラッグして吹き出しや写真に重ねよう。

3 ステッカーの表示や 並び順を変更する

三本線をドラッグして並び順を変更

スイッチのオン／オフで表示／非表示の切り替え、「＋」ボタンよく使う項目に追加する

ステッカーが見当たらない時は、Appパネルの一番右端にある「…」をタップし、「編集」をタップ。ステッカーやアプリの並び順や、表示／非表示を変更できる。

ミー文字を利用する

1 ミー文字で自分の 表情と声を送る

Appパネルのミー文字ボタンをタップし、キャラを選択して、赤い丸ボタンで録画。自分の表情に合わせてキャラの表情も変わる

Face ID対応機種では、顔の動きに合わせて表情が動くキャラクターを音声と一緒に送信できる「ミー文字」を利用できる。好きなキャラを選択し、表情と声を録画して送ろう。

2 ミー文字で自分の 分身キャラを作る

肌、ヘアスタイル、顔の形など豊富な選択肢が用意されている。作成したミー文字は、アニ文字のひとつとして利用できる

ミー文字画面の左端「新しいミー文字」をタップすれば、自分でパーツを自由に組み合わせたキャラクター「ミー文字」を作成できる。自分そっくりのキャラに仕上げよう。

使いこなしヒント

ステッカーやミー文字は FaceTimeでも使える

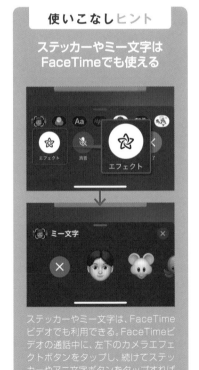

ステッカーやミー文字は、FaceTimeビデオでも利用できる。FaceTimeビデオの通話中に、左下のカメラエフェクトボタンをタップし、続けてステッカーやアニ文字ボタンをタップすればよい。その他、エフェクトを適用したり、テキストを重ねることもできる。

3人以上のグループでメッセージをやり取りする

1 複数の連絡先を入力する

メッセージアプリでは、複数人でグループメッセージをやり取りすることも可能だ。新規メッセージを作成し、「宛先」欄に複数の連絡先を入力すればよい。

2 特定のメッセージや相手に返信する

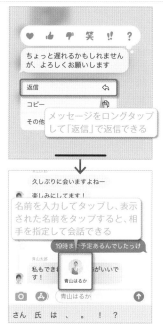

メッセージをロングタップして「返信」をタップすると、元のメッセージと返信メッセージがまとめて表示され、話の流れが分かりやすい。また入力欄に相手の名前を入力してタップすると、特定の相手を指定して話しかけることができる。

3 詳細画面で連絡先を追加する

メッセージ画面の上部のユーザー名をタップし、「i（情報）」ボタンをタップすると、グループに連絡先（新たなメンバー）を追加したり、グループに名前を付けられる。

その他メッセージで使える便利な機能

メッセージにリアクションする

メッセージの吹き出しをダブルタップすると、ハートやいいねなどで、メッセージに対して簡単なリアクションができる。

手書きでメッセージを送る

「画面縦向きのロック」がオフの状態で本体を横向きにし、手書きキーをタップすると、手書きでメッセージを送信できる。

メッセージ内で写真を加工する

入力欄左のカメラボタンで写真を撮影し、左下のエフェクトボタンをタップすると、写真を編集して送信できる。

対応アプリのデータを送信する

iMessage対応アプリをインストールしていればAppパネル上に表示され、メッセージアプリ内で起動・連携できる。

特定の相手の通知をオフにする

メッセージ一覧でスレッドを左にスワイプし「通知を非表示」ボタンをタップすると、この相手の通知を非表示にできる。

詳細な送受信時刻を確認する

メッセージ画面を左にスワイプすると、普段は表示されない各メッセージの送受信時刻が、右端に表示される。

FaceTime

iOS同士やMac相手なら無料でビデオ通話や音声通話ができる

高品質なビデオ／音声通話を無料で楽しめる

「FaceTime」は、ネット回線を通じて無料でビデオ通話や音声通話ができるアプリだ。通話できる相手は、「iMessage」（P060で解説）と同じくiPhoneやiPad、Macユーザーに限られるが、Wi-Fi接続時はもちろん、モバイルデータ通信時でも高品質な通話が行え、通話料なども一切かからないので、よく連絡する相手がiPhone／iPadユーザーであれば積極的に活用しよう。通話は「FaceTime」アプリを使うほか、「電話」アプリからも発信可能。ビデオ通話中に、ステッカーやミー文字を使ったり（P062で解説）、エフェクトを適用することもできる。

使い始め POINT

電話アプリからFaceTimeを発信する

左がFaceTimeビデオ、右がFaceTimeオーディオのボタン

● **連絡先のボタンをタップして発信**
「電話」アプリの「連絡先」で相手を選び、「FaceTime」欄のボタンをタップすれば、FaceTimeビデオもしくはFaceTimeオーディオで発信できる。

携帯電話
080 ▓▓▓▓▓

FaceTime

● **「よく使う項目」に追加して発信**
連絡先の情報画面の下の方にある「よく使う項目に追加」をタップ。「電話」もしくは「ビデオ通話」の「∨」ボタンをタップし、「FaceTime」を選択。これで、電話の「よく使う項目」から素早く発信することが可能になる。

よく使う項目

青山太郎
※・FaceTime

青山太郎

● **発着信履歴からかけ直す**
電話アプリの「履歴」画面では、FaceTimeオーディオやFaceTimeビデオの発着信履歴も表示される。タップすると、同じ通話の種類でかけ直すことが可能だ。

青山太郎 (2)
FaceTimeオーディオ   20:20

青山太郎
FaceTimeビデオ   20:16

「FaceTime」と書かれた履歴をタップ

FaceTimeを利用可能な状態にする

1 設定で「FaceTime」をオンにする

オンにするとFaceTimeが有効になる

タップしてApple IDでサインインすれば、FaceTimeの送受信に使うアドレスを複数選択できる

「設定」→「FaceTime」で「FaceTime」をオン。「FaceTimeにApple IDを使用」をタップしサインインを済ませれば、電話番号以外にApple IDでも送受信が可能になる。

2 Apple IDのアドレスを発着信アドレスにする

「設定」でApple IDをタップ

「名前、電話番号、メール」→「編集」→「メールまたは電話番号を追加」で、新しい送受信アドレスを追加できる

電話番号とApple ID以外の送受信アドレスは、「設定」上部のApple IDをタップして開き、「名前、電話番号、メール」→「編集」をタップして追加できる。

使いこなしヒント

iPadで同じApple IDを使っている場合の注意点

iPad側はオフにしておく

または、iPhoneと異なる発着信アドレスにチェックしておく

iPhoneとiPadのFaceTimeに同じApple IDを使っていると、FaceTimeの着信音が両方で鳴ってしまう。これを防ぐには、iPadのFaceTimeをオフにしてしまうか、またはiPhoneとは別のメールアドレスをiPadのFaceTime発着信アドレスに設定すればよい。

FaceTimeでビデオ／音声通話を発信する

1 FaceTime 通話をかける

FaceTimeアプリを起動したら、右上の「＋」ボタンから宛先を入力し、「オーディオ」または「ビデオ」をタップして発信しよう。

2 FaceTimeビデオの 通話画面

ビデオ通話中はカメラではなく画面に映った相手を見ながら会話しがちだが、「設定」→「FaceTime」→「アイコンタクト」をオンにすると、視線のズレが自動補正され、カメラを見ていなくても相手と視線の合った自然なビデオ通話になる

タップして通話終了

FaceTimeビデオの通話中は、右上に自分の映像が表示され、下部にはシャッターボタンや、エフェクト／消音／反転／終了の各種メニューボタンが表示される。

3 通話中画面の メニューと機能

上にスワイプ

メニューボタンのパネル部分を上にスワイプすると、カメラオフやスピーカーといった機能を利用できるほか、「参加者を追加」でグループ通話も行える。

かかってきたFaceTimeに応答する／拒否する

1 FaceTimeの受け方と 着信音を即座に消す方法

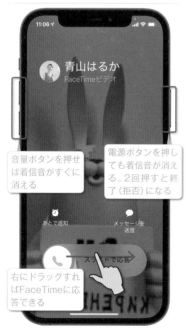

音量ボタンを押せば着信音がすぐに消える

電源ボタンを押しても着信音が消える。2回押すと終了（拒否）になる

右にドラッグすればFaceTimeに応答できる

画面ロック中にかかってきたFaceTime通話は、受話器アイコンを右にドラッグすれば応答できる。使用中にかかってきた場合は、「応答」か「拒否」をタップして対応する。

2 「後で通知」で リマインダー登録

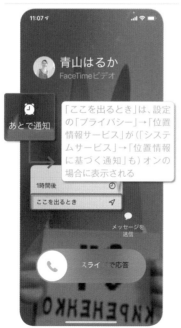

あとで通知

「ここを出るとき」は、設定の「プライバシー」→「位置情報サービス」が（「システムサービス」→「位置情報に基づく通知」も）オンの場合に表示される

「あとで通知」をタップすると、「ここを出るとき」「1時間後」に通知するよう、リマインダーアプリにタスクを登録できる。

3 「メッセージ」で 定型文を送信

メッセージを送信

iMessageやSMSを送信

「メッセージを送信」をタップすると、いくつかの定型文で、相手にメッセージを送信できる。定型文の内容は「設定」→「電話」→「テキストメッセージで返信」で編集できる。

カメラ

カメラの基本操作と撮影テクニックを覚えよう

コマ送りビデオや スローモーション動画も 撮影できる

「カメラ」は、写真や動画を撮影するためのアプリだ。起動して画面内のシャッターボタンをタップするか、本体側面の音量ボタンを押すだけで撮影できる。一定間隔ごとに撮影した写真をつなげてコマ送りビデオを作成する「タイムラプス」や、動画の途中をスローモーション再生にできる「スローモーション」、シャッターを押した前後3秒の動画を保存し動く写真を作成できる「Live Photos」など、多彩な撮影モードも用意されている。また、iPhone 12など一部の機種では、「ポートレートモード」で背景をぼかしたり、超広角レンズに切り替えてより広い範囲を撮影したり、ナイトモードで夜景を明るく撮影することもできる。

使い始め POINT

撮影した写真はすぐに 確認、編集、共有、削除できる

カメラの画面左下には、直前に撮影した写真のサムネイルが表示される。これをタップすると写真が表示され、編集や共有（メールやメッセージなどで送信）、削除を行える。なお、撮影したすべての写真やビデオは、「写真」アプリ（P070で解説）に保存される。

左から共有、お気に入り、削除。右上のボタンで編集

カメラアプリの基本操作

1 ピントを合わせて 写真を撮影する

基本的には自動でピントが合うが、うまく合わない時は画面内の被写体部分をタップしよう

タップして撮影。本体の音量ボタンや、付属イヤフォンの音量ボタンでもシャッターを切れる

黄色い文字で「写真」と表示されていることを確認し（「写真」以外の場合は左右にスワイプして変更）、画面下部の丸いシャッターボタンを押して撮影する。

2 セルフィー（自撮り） 写真を撮影する

もう一度タップすると背面カメラに戻る

フロントカメラで撮影した写真は、通常左右が逆になって保存されるが、「設定」→「カメラ」→「前面カメラを左右反転」をオンにしておくと、カメラに写ったそのままの向きで保存されるようになる

カメラを起動したら、右下の回転マークが付いたボタンをタップしよう。フロントカメラに切り替わり、セルフィー（自撮り）写真を撮影できる。

3 ロック画面からカメラを すばやく起動する

左にスワイプ

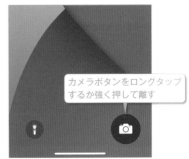

カメラボタンをロングタップするか強く押して離す

ホーム画面のアプリをタップしなくても、ロック画面を左にスワイプするだけでカメラを起動できる。iPhone 12シリーズなどフルディスプレイモデルなら、ロック画面右下のカメラボタンをロングタップしても起動できる。

超広角／望遠カメラとナイトモードの撮影

1 超広角カメラで撮影する

超広角カメラに切り替え

0.5×

カメラアプリの画面に表示されたボタンでレンズの切り替えが可能だ。iPhone 12や11シリーズなら、シャッターの上の「.5」をタップして超広角カメラに切り替え可能。同じ被写体でも広い範囲をカメラに収めることができる。

2 望遠カメラやデジタルズームで撮影する

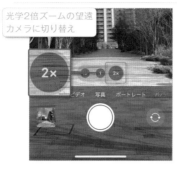

光学2倍ズームの望遠カメラに切り替え

2×

カメラ切り替えボタンを左右にスワイプしてデジタルズーム

望遠カメラ搭載機種なら、「2」で無劣化の光学2倍（12 Pro Maxは2.5倍）ズーム撮影ができる。またカメラ切り替えボタンを左右にスワイプすると、最大10倍（12 Pro Maxは12倍）のデジタルズーム撮影が可能だ。ただし画質は劣化する。

3 ナイトモードで夜景を明るく撮影

3秒

左上に表示されたナイトモードのアイコンをタップすると、露出時間をより長くしたり、ナイトモードをオフにできる

iPhone 12や11シリーズなら、暗い場所では自動でナイトモードに切り替わる。画面左上に露出秒数が表示されるので、シャッターを押したらこの秒数はなるべくiPhoneを動かさないようにしよう。

フラッシュや露出の設定変更とバーストモード

1 写真撮影時に各種設定を変更する

タップしてメニューを表示。画面内を上へスワイプしてもよい

フラッシュやナイトモード、Live Photos、画面比率、露出、セルフタイマー、フィルタなどの設定を変更できる

カメラアプリ上部の「∧」をタップすると、シャッターボタン上部にメニューが表示され、フラッシュや画面比率、露出、セルフタイマーなどの設定を変更できる。

2 ビデオ撮影時に各種設定を変更する

画面内を上にスワイプ

フラッシュのオン／オフを切り替える

露出レベルを調整する

ビデオモードでも、フラッシュの切り替えと露出レベルの調整が可能だ。画面内を上にスワイプするとそれぞれの設定ボタンが表示されるので、タップして設定を変更しよう。

3 バーストモード（連写）で撮影する

iPhone 11以降はシャッターを左にスワイプし、その他の機種はシャッターをタップし続けると連写できる

36

⬡ ポートレート	59 >
⬜ パノラマ	2 >
⊙ タイムラプス	1 >
⊛ スローモーション	3 >
⧉ バースト	6 >
⊡ スクリーンショット	75 >
ほか	
⬇ 読み込み	19 >

バーストモードで撮影した連続写真は、写真アプリの「バースト」アルバムにまとめて保存される

連続写真を撮影したいときは、iPhone 11以降ならシャッターボタンを左にスワイプすればよい。その他の機種はシャッターボタンをタップし続けると、1秒間に10枚の高速連写ができる。

カメラアプリの撮影モード

1 ビデオモードで動画を撮影する

画面をスワイプして「ビデオ」に合わせる

iPhone XSとXR以降の機種では、シャッターボタンや音量ボタンの長押しですばやくビデオ撮影ができる。指を離すと録画停止

画面内を右にスワイプすると「ビデオ」モードに切り替わる。なおiPhone XSとXR以降の機種では、「写真」モードでもシャッターボタンや音量ボタンを長押しするだけで、「QuickTake」機能により素早くビデオを撮影できる。

2 タイムラプスでコマ送り動画を撮影する

タイムラプス

「タイムラプス」は、一定時間ごとに静止画を撮影し、それをつなげてコマ送りビデオを作成できる撮影モード。長時間動画を高速再生した味のある動画を楽しめる。

3 スローモーションで指定箇所だけゆっくり再生

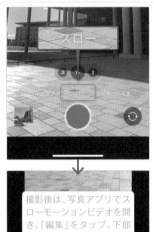

スロー

撮影後は、写真アプリでスローモーションビデオを開き、「編集」をタップ。下部のバーでスロー再生にする範囲を変更できる

「スロー」は、動画の途中をスローモーション再生にできる撮影モード。写真アプリで、スローモーションにする箇所を自由に変更できる。

4 ポートレートモードで背景をぼかして撮影

タップして、下部のバーで被写界深度（F値）を変更

照明エフェクトを変更

iPhone X以降とiPhone 8 Plus、iPhone 7 Plusの場合は、「ポートレート」モードで、一眼レフのような背景をぼかした写真を撮影できる。

5 SNS向けの正方形写真を撮影する

画面上部の「∧」をタップしてオプションメニューを開き、画面比率変更ボタンをタップして「スクエア」を選択する

「スクエア」は、カメラ画面の枠が正方形になるモード。Instagramなどの、SNSで投稿するのに適したサイズの写真を撮影できる。

6 横または縦に長いパノラマ写真を撮影

パノラマ

「パノラマ」モードでは、シャッターをタップして本体をゆっくり動かすことで、横に長いパノラマ写真を撮影できる。本体を横向きにすれば、縦長の撮影も可能。

カメラアプリのその他の機能

1 ピントや露出を固定する

ピント/露出を固定したい時は、画面内をロングタップしよう。上部に「AE/AFロック」と表示され、その部分にピント/露出を固定したまま撮影できる。

2 露出を手動で調整する

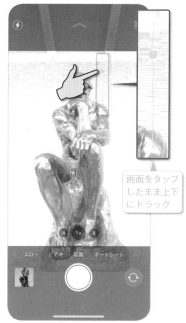

画面内をタップしてピントと露出を合わせた後、画面を上下にドラッグすれば、太陽マークが上下に動き、露出を手動で調整できる。逆光でうまく撮影したい時など、AE/AFロックと合わせて操作しよう。

3 撮影画面にグリッドを表示する

本体の「設定」→「カメラ」→「グリッド」のスイッチをオンにすると、カメラの画面内に9分割のグリッド線が表示され、水平/垂直の目安にしながら撮影できる。

4 Live Photosを撮影する

カメラの上部「Live Photos」ボタンがオンの状態で写真を撮影すると、シャッターを切った時点の静止画に加え、前後1.5秒ずつ合計3秒の映像と音声も記録される。

5 露出を調整して固定したまま撮影

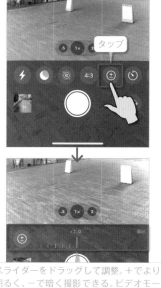

露出は手順2の方法でも手動調整できるが、ピントを合わせるたびにリセットされる。画面上部の「∧」をタップして「±」ボタンをタップすると、露出レベルをスライダーで調整し、その数値で固定したまま撮影できる。

6 カメラモードなどの設定を保持する

「設定」→「カメラ」→「設定を保持」で、カメラモード、フィルタや縦横比、露出レベル、Live Photosなどの設定を保持しておけば、最後に使った設定のままでカメラが起動するようになる。

写真

撮影した写真やビデオを管理・閲覧・編集・共有する

閲覧だけでなく編集や共有、クラウド保存も可能

　iPhoneで撮影した写真やビデオは、すべて「写真」アプリに保存されている。写真アプリでは、写真やビデオの表示はもちろん、アルバムによる管理や本格的な加工・編集も行える。具体的なキーワードで目当ての写真を探し出したり、自動でテーマに沿ったスライドショーを作成したりといった、思い出を楽しむための強力な機能にも注目したい。また、撮影した写真を自動的にiCloudへ保存することも可能だ。大事な写真をバックアップしておきたい場合は、ぜひ活用しよう。まずは、画面下部のメニューごとに、写真やビデオがどのように扱われるかを理解しよう。

使い始め POINT

撮影した写真の確認は「最近の項目」が基本

撮影した写真やビデオがどこに保存されているのか分からない場合は、とりあえず写真アプリの下部メニュー「アルバム」にある、「最近の項目」をタップしてみよう。iPhoneで撮影した写真や動画、保存した画像などは、すべてこのアルバムに撮影順に保存されている。下へスクロールすると、「ビデオ」や「パノラマ」など、撮影モード別のアルバムも利用できる。

写真アプリの下部メニューの違いと機能

＞ 「アルバム」で写真やビデオをアルバム別に整理

「アルバム」では、「最近の項目」「ビデオ」「共有アルバム」などアルバム別に写真や動画を管理できる。

＞ 「検索」で写真をキーワード検索する

「検索」では、ピープルや撮影地、カテゴリなどで写真を探せるほか、被写体やキャプションをキーワードにして検索できる。

＞ ベストショットを楽しむ「ライブラリ」

「ライブラリ」では年別／月別／日別のベストショット写真が表示される。似たような構図や写りの悪い写真は省かれるので、見栄えのいい写真だけで思い出を楽しめる。

＞ 共有相手などを提案する「For You」

「For You」では、写っている人物との共有を提案したり、おすすめの写真やエフェクトが提案されるほか、メモリーや共有アルバムのアクティビエティも表示される。

写真やビデオの閲覧とキャプションの追加

> 写真を閲覧する

各メニューで写真のサムネイルをタップすれば、その写真が表示される。画面内をさらにタップすると全画面表示、ピンチアウト／インで拡大／縮小表示が可能。

> ビデオを再生する

ビデオのサムネイルをタップすると、自動で再生が開始される。下部メニューで一時停止やスピーカーのオン／オフが可能。

> 写真にキャプションを追加する

写真を上にスワイプすると、写っている人物や撮影地などの詳細が表示されるほか、「キャプションを追加」欄にメモを記入できる。このキャプションは検索対象になるのでタグのように使える。

複数の写真やビデオの選択&削除と検索機能

> 写真やビデオをスワイプして複数選択する

写真やビデオは、右上の「選択」をタップすれば選択できる。複数選択する場合は、ひとつひとつタップしなくても、スワイプでまとめて選択可能だ。

> 写真やビデオを削除、復元する

ゴミ箱ボタンをタップすれば選択した写真やビデオを削除できる。削除した写真やビデオは、30日以内なら「アルバム」→「最近削除した項目」に残っており復元できる。

> 強力な検索機能を活用する

下部メニューの「検索」画面では、ピープルや撮影地、カテゴリなどで写真を探せるほか、被写体やキャプションをキーワードにして検索できる。

写真を編集する

1 写真を開いて編集ボタンをタップする

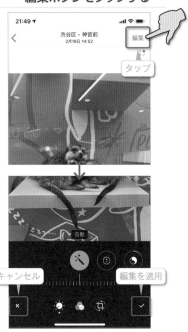

写真を開いて上部の編集ボタンをタップすると、編集モードになる。編集後は、左下の「×」でキャンセル、右下のチェックで編集を適用できる。

2 編集ツールでレタッチする

左から、「調整」「フィルタ」「トリミングと傾き」ボタン。タップするとそれぞれのメニューが表示される

下部の「調整」「フィルタ」「トリミングと傾き」ボタンをタップすると、それぞれのメニューで色合いを調整したり、フィルタを適用したり、切り抜いたり、傾きを補正できる。

3 編集を加えた写真を元の写真に戻す

編集を適用した写真は、再度編集モードにして、右下の「元に戻す」→「オリジナルに戻す」をタップすることで、いつでも元のオリジナル写真に戻せる。

ビデオやポートレート写真を編集する

1 ビデオの不要部分をカットする

左右端をドラッグして、残したい範囲を黄色の枠で選択。再生ボタンでプレビュー再生

ビデオの場合も、同じく編集ボタンで編集モードになる。下部フレームビューアの左右端をドラッグし、切り取って残したい部分を範囲選択しよう。

2 ビデオを編集ツールでレタッチする

タップして調整やフィルタメニューに切り替える

写真と同様に、ビデオの場合も「調整」「フィルタ」「トリミングと傾き」ボタンで、色合いを調整したり、フィルタや傾き補正を適用することができる。

3 ポートレート写真を編集する

タップして被写界深度を変更

照明エフェクトを変更

背景をぼかしたポートレート写真は、「編集」をタップすれば、後からでもぼかし具合や照明エフェクトを変更することが可能だ。

072

「For You」メニューでメモリーや共有を確認する

1 「For You」に表示される項目

「For You」では、「メモリー」で自動生成されたスライドショーを再生できるほか、おすすめの写真や、顔認識された人物との共有を提案してくれる。また、共有アルバムのアクティビティなども確認できる。

2 メモリーで生成されたスライドショーを再生

タップしてスライドショーを再生

「メモリー」で提案されたアルバムで、一番上のサムネイルをタップすると、自動生成されたスライドショーを再生できる。編集でタイトルやBGMを変更したり、写真やビデオの入れ替えも行える。

3 ウィジェットに表示される写真を非表示に

「おすすめの写真」で表示したくない写真を選んでロングタップし、「"おすすめの写真"から除外」をタップすると、この写真は写真ウィジェットで表示されなくなる

写真ウィジェットに表示される写真は、「For You」の「おすすめの写真」から選ばれる仕組みになっている。ウィジェットに表示する写真は自分で選べないが、「おすすめの写真」から除外することで、特定の写真を非表示にすることは可能だ。

撮影した写真を自動でバックアップ、共有する

「マイフォトストリーム」に保存する

オンにする

マイフォトストリームでアップされた写真は、写真アプリの「アルバム」→「マイフォトストリーム」で閲覧できる。同じApple IDでサインインした、他のiOS端末やMacでも閲覧可能だ

「設定」→「写真」→「マイフォトストリーム」をオンにすると、写真が自動でiCloudに保存される。iCloudの容量は消費しないが、最大1,000枚まで、保存期間は30日までの制限がある。

「iCloud写真」に保存する

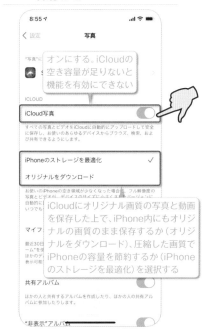

オンにする。iCloudの空き容量が足りないと機能を有効にできない

iCloudにオリジナル画質の写真と動画を保存した上で、iPhone内にもオリジナルの画質のまま保存するか（オリジナルをダウンロード）、圧縮した画質でiPhoneの容量を節約するか（iPhoneのストレージを最適化）を選択する

「iCloud写真」をオンにすると、写真が自動でiCloudに保存される。保存期間や枚数制限はないが、iCloudの容量を消費するため、無料の5GB分だけだと容量が足りなくなる可能性が高い。

「共有アルバム」で共有アルバムを作成

オンにする

「共有アルバム」をオンにすると、写真アプリの「アルバム」画面で、写真とビデオの共有アルバムを作成して他のユーザーと共有したり、他のユーザーの共有アルバムに参加できるようになる。

ミュージック

定額聴き放題サービスも利用できる標準音楽プレイヤー

端末内の曲もクラウド上の曲もまとめて扱える

iPhoneの音楽再生アプリが「ミュージック」だ。パソコンから曲を取り込んだり（P076で解説）、音楽配信サービスの「Apple Music」に登録したり（P077で解説）、iTunes Storeで曲を購入すると、ミュージックアプリに曲が追加されて再生できる。すべての曲は「ライブラリ」画面でまとめて管理でき、プレイリストやアーティスト、アルバム、曲、ダウンロード済みなどの条件で探し出すことが可能だ。またApple Musicの利用中は、「今すぐ聴く」で好みに合った曲を提案してくれるほか、「見つける」で注目の最新曲を見つけたり、「ラジオ」でネットラジオを聴ける。

使い始め POINT

ミュージックライブラリの項目を編集する

「ライブラリ」画面では、「プレイリスト」や「アルバム」といった分類で探せるが、これらの項目は右上の「編集」で追加や削除、並べ替えが可能だ。あまり使わない項目は非表示にして、よく利用する順で項目を並べ替えて使いやすくしておこう。

「ライブラリ」画面では「プレイリスト」や「アルバム」といった項目が表示される。これを編集するには、右上の「編集」ボタンをタップ。

チェックを入れた項目のみ表示されるようになる。また左端の三本線ボタンをドラッグして、表示順を並べ替えることも可能だ。

ライブラリから曲を再生する

1 「ライブラリ」タブで曲を探す

下部の「ライブラリ」を開き、曲を探そう。CDから取り込んだ曲、iTunes Storeで購入した曲、Apple Musicから追加した曲は、すべてこの画面で同じように扱い、管理できる。

2 曲名をタップして再生する

ミニプレイヤー。タップすれば再生中画面が表示される

曲名をタップすると再生を開始。画面の下部にミニプレイヤーが表示され、一時停止／次の曲へスキップ操作を行える。ミニプレイヤーをタップすると、再生中画面が開く。

3 通知の履歴画面やロック画面で操作する

ホーム画面やロック画面に戻ってもバックグラウンドで再生が続く。いちいちミュージックアプリを起動しなくても、通知センターやコントロールセンター、ロック画面で再生中の曲の操作が可能だ。

曲やアルバムの操作と機能

1 ロングタップメニューで さまざまな操作を行う

アルバムのジャケット写真や曲名をロングタップすると、削除やプレイリストへの追加、共有、好みの曲として学習させるラブ機能などのメニューが表示される。

2 歌詞をカラオケの ように表示する

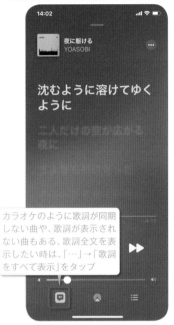

再生画面左下の歌詞ボタンをタップすると、カラオケのように、曲の再生に合わせて歌詞がハイライト表示される。歌詞をタップして、その位置までジャンプすることもできる。

3 音楽の出力先を 切り替える

Bluetoothスピーカーなどで再生したい場合は、ペアリングを済ませた上で、音量バー下中央のボタンをタップしよう。リストから出力先デバイスを選択できる。

4 新規プレイリストを 作成する

好きな曲だけを聴きたい順番で再生したいなら、プレイリストを作成しよう。ライブラリ画面の「プレイリスト」→「新規プレイリスト」から作成できる。

5 「次に再生」 リストを表示する

再生画面右下のボタンをタップすると、「次に再生」リストが表示される。リストの曲をタップすると、その曲が再生される。

6 シャッフルやリピート、 似た曲の自動再生

「次に再生」リストの上部のボタンをタップすると、リストの曲をシャッフルまたはリピート再生できる。またApple Musicを利用中は「自動再生」ボタンも表示される。

音楽CDの曲をiPhoneに取り込む

iTunesを使えば簡単に
インポートできる

　音楽CDの曲をiPhoneで聴くには、まず「iTunes」(Macは標準の「ミュージック」アプリ)を使ってCDの曲をパソコンに取り込み、そこからiPhoneに転送する必要がある。音楽CDをパソコンのドライブにセットして、画面の指示に従って操作しよう。

iTunes

作者／Apple
価格／無料
http://www.apple.com/jp/
itunes/

Windows向けiTunesは、Microsoft Store版とデスクトップ版の2種類があるが、動作の安定したデスクトップ版の方がおすすめ。上記URLの「ほかのバージョンをお探しですか?」で「Windows」を選んでダウンロードしよう。

1 iTunesを起動して「環境設定」を開く

iTunesを起動したら、まずは音楽CDを取り込む際のファイル形式と音質を設定しておこう。「編集」→「環境設定」→「一般」(Macは「ミュージック」→「環境設定」→「ファイル」)画面の「読み込み設定」をクリックする。

2 ファイル形式と音質を設定し音楽CDを取り込む

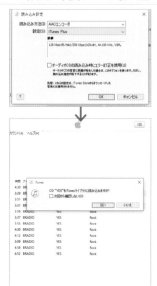

読み込み方法は「AACエンコーダ」を選択し、設定は「iTunes Plus」(iTunes Storeの販売曲と同じ256kbpsの音質)にしておくのがおすすめだ。汎用性の高い「MP3エンコーダ」や、音質が劣化しない「Apple Lossless」なども選択できる。あとは音楽CDをCDドライブに挿入し、「読み込みますか」のメッセージで「はい」をクリックすればよい。

取り込んだ音楽をiPhoneに転送する

1 Apple Musicの利用中は自動で同期

Apple Musicの利用中は、パソコンのiTunesで「編集」→「環境設定」→「一般」→「iCloudミュージックライブラリ」(Macでは「ミュージック」→「環境設定」→「一般」→「ライブラリを同期」)にチェックしておくと、すべての曲やプレイリストがiCloudにアップロードされ、iPhoneからも再生できるようになる。

2 Apple Musicを使っていない時の同期

Apple Musicを使っていないなら、パソコンと接続してiTunes(MacではFinder)でiPhoneの管理画面を開き、「ミュージック」→「ミュージックを同期」にチェック。続けて「選択したプレイリスト〜」にチェックし、iPhoneに取り込んだアルバムを選択してして同期しよう。

3 ドラッグ&ドロップでも転送できる

ミュージックの同期を設定する以外に、特定のアルバムや曲を手動で素早く転送することも可能だ。まずライブラリ画面でアルバムや曲を選び、そのまま左の「デバイス」欄に表示されているiPhoneにドラッグ&ドロップしてみよう。すぐに転送が開始され、iPhoneで再生できるようになる。

Apple Musicを利用する

初回登録時は3ヶ月間無料で使える

　個人なら月額980円で、国内外の6,000万曲が聴き放題になる、Appleの定額音楽配信サービスが「Apple Music」だ。初回登録時は3ヶ月間無料で利用できる。またApple Musicに登録すると、手持ちの曲も含めて、最大10万曲までクラウドに保存できる「iCloudミュージックライブラリ」も利用できるようになる。なお、ファミリープランを使えば、月額1,480円で家族6人まで利用可能だ。

1 「Apple Musicに登録」をタップ

まず本体の「設定」→「ミュージック」で、「Apple Musicを表示」をオンにした上で、「Apple Musicに登録」をタップする。初回登録時は、次の画面で「無料で始めよう」をタップ。

2 プランを選択してAppleMusicを開始する

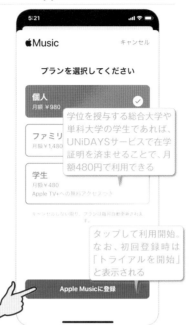

学位を授与する総合大学や単科大学の学生であれば、UNiDAYSサービスで在学証明を済ませることで、月額480円で利用できる

タップして利用開始。なお、初回登録時は「トライアルを開始」と表示される

ミュージックアプリが起動するので、「プランをさらに表示」をタップ。プランを個人／ファミリー／学生から選択し、「Apple Musicに登録」をタップして開始する。初回登録時のみ、3ヶ月間無料で試用できる。

使いこなしヒント

自動更新をキャンセルにするには

タップ

タップして「確認」をタップ

Apple Musicは初回のみ3ヶ月の無料期間が用意されているが、3ヶ月を過ぎると自動的に課金されてしまう。とりあえず無料期間中だけ使いたい場合は、ミュージックアプリの「「今すぐ聴く」」画面で右上のユーザーボタンをタップし、「サブスクリプションの管理」→「サブスクリプションをキャンセルする」をタップしてキャンセルしておこう。これでApple Musicメンバーシップの自動更新を停止できる。

3 ライブラリの同期をオンにする

オンにする

本体の「設定」→「ミュージック」で、「ライブラリを同期」をオンにしておくと、Apple Musicの曲をライブラリに追加できるようになる。

4 キーワードで曲を検索

Apple Music内の画面構成は少しわかりにくい。まずは好みのアーティスト名で検索し、アーティストのページを表示。そこからアルバム一覧を表示してライブラリに追加していくのがおすすめ

ミュージックアプリの「検索」で、曲名やアーティスト名をキーワードにして検索しよう。「Apple Music」タブで、Apple Musicの検索結果が一覧表示され、曲名をタップすればすぐに再生できる。

5 Apple Musicの曲をライブラリに追加

タップしてダウンロードすればオフラインでも再生できるようになる

Apple Musicのアルバムや曲は、「追加」や「＋」をタップするとライブラリに追加できる。さらにクラウドボタンをタップすると、端末内にダウンロードできる。

WED 28 カレンダー

iPhoneで効率的にスケジュールを管理する

PadやMacでも同じ予定を確認できる

「カレンダー」は、仕事や趣味のイベントを登録していつでも予定を確認できるスケジュール管理アプリだ。まずは「仕事」や「プライベート」といった、用途別のカレンダーを作成しておこう。作成したカレンダーに、「会議」や「友人とランチ」などイベントを登録していく。カレンダーは日、週、月、年で表示モードを切り替えでき、イベントのみを一覧表示してざっと確認することも可能だ。また作成したカレンダーやイベントはiCloudで同期され、iPadやMacでも同じスケジュールを管理できる。会社のパソコンなどでGoogleカレンダーを使っているなら、Googleカレンダーと同期させておこう。

使い始め POINT

イベントを保存する「カレンダー」を用途別に作成する

まずは、必要に応じて「仕事」や「英会話」のように用途別のカレンダーを作成しておこう。たとえば「打ち合わせ」というイベントは「仕事」カレンダーに保存するといったように、イベントごとに作成したカレンダーに保存して管理できる。作成したカレンダーはiCloudで同期して、iPadやMacからも利用できる。

●用途別にカレンダーを作成する

下部中央の「カレンダー」をタップし、左下の「カレンダーを追加」をタップ。「仕事」「英会話」など用途別のカレンダーを作成しておこう。

●iCloudカレンダーを同期する

「設定」で一番上のApple IDを開き、「iCloud」→「カレンダー」がオンになっていれば、作成したカレンダーが同期されiPadやMacでも利用できる。

カレンダーでイベントを作成、管理する

1 表示モードを切り替える

iPhoneのカレンダーは、週（日）、月、年別の表示モードに変更できる。自分で予定を把握しやすい表示形式に切り替えておこう。

2 新規イベントを作成する

右上の「＋」をタップすると、新規イベントの作成画面が開く。タイトルや開始／終了日時、保存先のカレンダーなどを指定し、右上の「追加」で作成。

使いこなしヒント

Googleカレンダーと同期するには

会社のパソコンなどで普段Googleカレンダーを使っているなら、Googleカレンダーと同期させておこう。「設定」→「カレンダー」→「アカウント」→「アカウントを追加」でGoogleアカウントを追加し、「カレンダー」のスイッチをオンにすればよい。Googleカレンダーで使っている「仕事」などのカレンダーに、iPhoneのカレンダーアプリから予定を作成できるようになる。

メモ

意外と多機能な標準メモアプリ

写真やビデオを添付したり手書きでスケッチもできる

標準の「メモ」はシンプルで使いやすいメモアプリだ。アイデアを書き留めたり、チェックリストや表を作成したり、ラフイメージを手書きでスケッチしたり、レシートや名刺を撮影して貼り付けておくなど、さまざまな情報をさっと記録できる。作成したメモはiCloudで同期され、iPadやMacでも同じメモを利用できるほか、WebブラウザでiCloud.comにアクセスすれば、パソコンやAndroidでもメモの確認や編集が可能だ。他にも、メモを他のユーザーと共同編集したり、写真の被写体や手書き文字をキーワードで検索できるなど、意外と多機能なアプリとなっている。

使い始め POINT

メモの管理機能をあらかじめマスターする

まずはメモの管理方法を知っておこう。あらかじめフォルダを作成しておけば、作成したメモをフォルダ分けして整理できる。またメモ一覧画面では、表示形式をギャラリー／リストで切り替えたり、メモの表示順をタイトルや編集日で並べ替えることが可能だ。メモに添付したファイルだけを一覧表示することもできる。

● フォルダを作成する

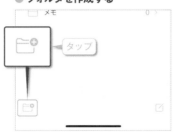

フォルダー覧画面で、左下のボタンをタップすると新規フォルダを作成できる。作成したフォルダは、別のフォルダ上にドラッグするとサブフォルダになる。

● 表示形式や順序を変更する

メモー覧画面で右上のオプション（…）ボタンをタップすると、表示形式や表示順序を変更したり、メモに添付されたファイルを一覧表示できる。

メモアプリの機能を使いこなす

> さまざまな形式のメモを作成する

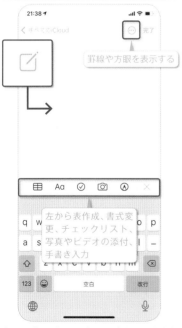

罫線や方眼を表示する

左から表作成、書式変更、チェックリスト、写真やビデオの添付、手書き入力

右下のボタンをタップすると新規メモを作成できる。キーボード上部のメニューボタンで、表やチェックリストの作成、写真の添付、手書き入力などが可能だ。

> メモをロングタップして操作する

メモをロングタップするとメニューが表示される。重要なメモを一番上にピンで固定したり、編集できないようロックしたり、メモの送信や共有、削除などを行える。

> Webなどの情報をメモに貼る

Safariの共有メニューから「メモ」を選択すると、表示中のWebページをメモにクリップできる。マップの位置情報なども保存可能だ。

> Siriにメモを取ってもらう

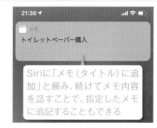

Siriに「メモ（タイトル）に追加」と頼み、続けてメモ内容を話すことで、指定したメモに追記することもできる

素早くメモしたいときはSiriを活用しよう。「○○とメモして」と話しかけるだけで、新しいメモを作成してくれる。

設定

さまざまな設定を変更して使いやすくカスタマイズする

iPhoneを使いこなすために設定内容を把握しよう

「設定」アプリをタップして起動すれば、本体のさまざまな機能を変更、確認できる設定画面が表示される。ここでは、Apple IDやiCloud、Face ID（Touch ID）とパスコード、メールや連絡先といった重要な設定を行えるほかにも、知っておくと便利な機能や、ちょっとした操作が快適になる項目が多数用意されているので、まずは一通り確認しておくことをおすすめする。iPhoneをより快適に使いこなすには、この設定でどんな機能を利用できるか把握しておくのが重要だ。ここではこれまでの記事で説明しきれなかった、覚えておくと便利な設定項目をいくつか紹介しよう。

使い始め POINT

設定項目をキーワードで検索する

「設定」アプリではiPhoneを便利に使うためのさまざまな項目が用意されているが、iPhoneを初めて使う人には、どこに何の設定があるのか分かりづらいだろう。そんな時は、設定画面を下にスワイプしてみよう。上部に検索欄が表示されるので、キーワードを入力すれば、関連する設定項目がリストアップされる。タップするとすぐにその設定画面を開くことが可能だ。

キーワードに関連する設定項目が一覧表示され、タップすればすぐに設定画面を開くことができる

不要なWi-Fiに接続しないようにする

不安定なWi-Fiスポットに自動接続するのを防ぐ

「Wi-Fi」を開いて自動接続したくないWi-Fiネットワークの「i」をタップし、「自動接続」のスイッチをオフにしておく

Wi-Fiスポットに一度接続すると、次からも検出と同時に自動で接続される。不安定なWi-Fiスポットに接続されても困るだけなので、不要なネットワークには接続しないよう、個別に自動接続機能を無効にしておこう。

バイブレーションの動作を設定する

本体左側のスイッチの状態でそれぞれ振動させるかを設定

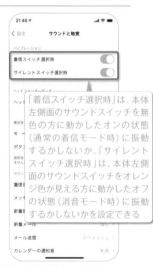

「着信スイッチ選択時」は、本体左側面のサウンドスイッチを無色の方に動かしたオンの状態（通常の着信モード時）に振動するかしないか。「サイレントスイッチ選択時」は、本体左側面のサウンドスイッチをオレンジ色が見える方に動かしたオフの状態（消音モード時）に振動するかしないかを設定できる

「サウンドと触覚」のバイブレーション項目では、本体左側面のサウンドスイッチがオンまたはオフの時に、それぞれ端末を振動させる（バイブレーション）かどうかを選択できる。両方オフにしておけば振動しなくなる。

毎日の使用時間を確認する

スクリーンタイム機能で用途別の利用時間を表示

「すべてのアクティビティを確認する」をタップすると、週／日の利用時間や、よく使ったアプリ、持ち上げた回数、通知回数なども確認できる

「スクリーンタイム」で「スクリーンタイムをオンにする」→「続ける」→「これは自分用のiPhoneです」をタップし機能を有効にすれば、今日または過去7日間のアプリ利用時間や持ち上げた回数など詳細なレポートを確認できる。

子供に使わせる際に機能制限を施す

アプリや機能ごとに利用許可を制限する

スイッチをオンにして機能制限を有効にする。機能制限のメニュー自体にアクセスできないようにするには、「スクリーンタイム」→「スクリーンタイム・パスコードを使用」で、パスコードロックを施そう

iPhoneを子供に使わせる場合などは、機能の制限を設定することができる。「スクリーンタイム」→「コンテンツとプライバシーの制限」で「コンテンツとプライバシーの制限」をオンにし、各項目をチェックしよう。

ストレージの空き容量を増やす

iPhoneの空き容量が少ない
時はここをチェック

「非使用のAppを取り除く」「"最近削除した項目"アルバム」「iTunesのビデオを再検討」などを実行すれば、不要なデータを削除して空き容量を増やせる

「一般」→「iPhoneストレージ」を開くと、アプリや写真などの使用割合をカラーバーで視覚的に確認できるほか、「非使用のAppを取り除く」など空き容量を増やすための方法が提示され、簡単に不要なデータを削除できる。

アプリ使用中はコントロールセンターを無効

ゲーム中などに意図せずコントロールセンターが開くのを防ぐ

「コントロールセンター」→「App使用中のアクセス」をオフにしておく

コントロールセンターは主要な機能にすばやくアクセスできる便利な機能だが、ゲームのスワイプ操作などで、意図せずパネルを開いてしまうことがある。これを防ぐために、アプリの使用中はコントロールセンターが開かない設定にしておこう。

Night Shiftで画面のブルーライトを低減

夜間は画面を目に
優しい表示にしよう

「画面表示と明るさ」→「Night Shift」で「指定時間」をオン。自動でNight Shift画面に切り替えるスケジュールを設定しよう

ブルーライトを低減する「Night Shift」機能をオンにしておけば、設定した時刻になるとディスプレイが暖色系の表示に調整され、目への負担が軽減される。就寝前にSNSや電子書籍を利用するユーザーにおすすめ。

画面を下に引き下げて操作しやすくする

簡易アクセスを有効にすれば
ステータスバーに指が届く

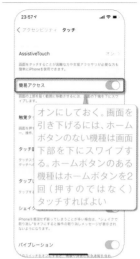

オンにしておく。画面を引き下げるには、ホームボタンのない機種は画面下部を下にスワイプする。ホームボタンのある機種はホームボタンを2回（押すのではなく）タッチすればよい

片手だと画面上部のステータスバーなどに指が届かないときは、「アクセシビリティ」→「タッチ」→「簡易アクセス」をオンにしておこう。画面上部をタッチしやすいように、画面全体を引き下げることができるようになる。

AssistiveTouchを利用する

ホームボタン代わりに使える
ボタンを画面に常駐

オンにする

ここでボタンのダブルタップや長押し時のアクションを設定しておける

ホームボタンのない機種でも、この機能で仮想的にホームボタンを利用できる

ホームボタンや音量ボタンの効きが悪いようなら、「設定」→「アクセシビリティ」→「タッチ」で、「AssistiveTouch」をオンにしよう。画面上に白くて丸いボタンが常駐し、本体のボタン代わりに利用できる。普段は薄く表示され位置も自由に移動できるので、それほど邪魔にならない。

白い丸ボタンをタップするとメニューが表示され、「ホーム」でホームボタンの機能を利用できるほか、通知センターなども開くことができる。また「デバイス」をタップすれば、音量を上げる／下げる／消音など、音量ボタン代わりに利用できるメニューが表示される。

iPhoneで緊急電話を発信する方法を確認

「緊急SOS」画面で発信方法
を確認できる

緊急電話のかけ方はここで確認

「自動通報」をオンにしておくと、カウントダウン後に緊急電話を自動で発信する。ただし日本での利用時は自動発信ではなく、カウントダウン後に警察と海上保安庁、救急車から発信先を選択する必要がある

「緊急SOS」画面では、緊急電話のかけ方を確認できるのでチェックしておこう。電源ボタンを5回押して緊急電話を発信するようにしたり、自動通報を有効にしたり、緊急連絡先を設定しておくといったカスタマイズも可能だ。

低電力モードを利用する

バッテリーの消費を
一時的に抑えられる

オンにする

「バッテリーの状態」をタップすると、新品状態（100%）と比べてバッテリーの最大容量がどれくらい減ったか、劣化状態を確認できる

「バッテリー」→「低電力モード」をオンにすると、メールの自動取得やアプリのバックグラウンド更新が停止され、消費電力を抑えたモードになるので、一時的にバッテリーを節約したい時は利用しよう。バッテリー残量が80%を超えると自動的に解除される。

その他の標準アプリ

Appleならでは洗練された便利ツールの数々を使ってみよう

iPhoneには、ここまで解説してきたアプリの他にも、さまざまな純正アプリがインストールされている。どれもiPhoneをより便利に活用できるアプリばかりなので、ぜひ利用してみよう。なお、標準アプリが不要だと感じて削除してしまった場合は、App Storeから再インストールできる。「マップ Apple」など、標準アプリ名＋Appleをキーワードに検索してみよう。

やるべきことを忘れず通知してくれる
リマインダー やるべきことや覚えておきたいことを登録しておけば、しかるべきタイミングで通知してくれる、タスク管理アプリ。

電子書籍を購入して読める
ブック 電子書籍リーダー&ストアアプリ。キーワード検索やランキングから、電子書籍を探して購入できる。無料本も豊富。

クラウドやアプリのファイルを一元管理ファイル
ファイル iCloud Drive や Dropbox など対応クラウドサービスと、一部の対応アプリ内にあるファイルを一元管理するアプリ。

音楽や映画をダウンロード購入できる
iTunes Store Apple の配信サービスで音楽や着信音を購入したり、映画を購入・レンタルするためのアプリ。

現在の天気や週間予報をチェック
天気 天気アプリ。現在の天気や気温、時間別予報、週間予報、降水確率のほか、湿度、風、気圧なども確認できる。

横向きで関数計算もできる
計算機 電卓アプリ。縦向きに使うと四則演算電卓だが、横向きにすれば関数計算もできる。

規則正しい就寝・起床をサポート
時計 世界時計、アラーム、ストップウォッチ、タイマー機能を備えた時計アプリ。ベッドタイム機能で睡眠分析も可能。

ルート検索もできる地図アプリ
マップ 標準の地図アプリ。車／徒歩／交通機関でのルート検索を行えるほか、音声ナビや周辺施設の検索機能なども備えている。

運動や健康状態をまとめて管理
ヘルスケア 歩数や移動距離を確認できる万歩計として利用できるほか、Apple Watch と連携して心拍数なども記録できる。

Apple Payやチケットを管理
Wallet 電子決済サービス「Apple Pay」（P084で解説）を利用するためのアプリ。また、Wallet 対応のチケット類も管理できる。

さまざまな映画やドラマを楽しむ
Apple TV 映画やドラマを購入またはレンタルして視聴できるアプリ。サブスクリプションサービス「AplleTV+」も利用できる。

紛失した端末や友達を探せる
探す 紛失した iPhone や iPad の位置を探して遠隔操作したり、家族や友達の現在位置を調べることができるアプリ。

Homekit対応機器を一元管理する
ホーム 「照明を点けて」「電源をオンにして」など、Siri で話しかけて家電を操作する「HomeKit」を利用するためのアプリ。

ワンタップでその場の音声を録音
ボイスメモ ワンタップで、その場の音声を録音できるアプリ。録音した音声をトリミング編集したり、iCloud で同期することも可能。

Apple WatchとiPhoneを同期する
Watch Apple Watch と iPhone をペアリングして同期するためのアプリ。Apple Watch を持っていないなら特に使うことはない。

カメラで物体のサイズを計測
計測 AR 機能を使って、カメラが捉えた被写体の長さや面積を手軽に測定できるアプリ。水準器としての機能も用意されている。

便利技や知られざる機能を紹介
ヒント iPhone の使い方や機能を定期的に配信するアプリ。ちょっとしたテクニックや便利な Tips がまとめられている。

方角や向きのズレを確認できる
コンパス 方位磁石アプリ。画面をタップすると現在の向きがロックされ、ロックした場所から現在の向きのズレも確認できる。

株価と関連ニュースをチェック
株価 日経平均や指定銘柄の、株価チャートと詳細を確認できるアプリ。画面下部には関連ニュースも表示される。

ラジオやビデオ番組を楽しめる
Podcast ネット上で公開されている、音声や動画を視聴できるアプリ。主にラジオ番組やニュース、教育番組などが見つかる。

SECTION 03
iPhone活用テクニック

iOSの隠れた便利機能や必須設定、
使い方のコツなどさらに便利に
活用するためのテクニックを総まとめ。

Suicaやクレジットカードを登録したiPhoneでタッチ

一度使えば手放せない Apple Payの利用方法

電子マネーやクレカをiPhoneでまとめて管理

「Apple Pay」は、WalletアプリにSuicaやPASMO、クレジットカードを登録して利用できる、電子決済サービスだ。対応機種はiPhone 7以降とApple Watch Series 2以降だが、アプリやWebでの決済に使うだけなら、iPhone 6など一部機種も対応する。

WalletにSuicaを登録すると、iPhoneがSuica代わりになる。改札にiPhoneをタッチすれば電車やバスを利用できるし、Suica対応の店舗でもタッチして支払える。iPhone 8以降かApple Watch Series 3以降なら、PASMOも同様の使い方が可能だ。

またクレジットカードを登録すると、SuicaとPASMOのチャージや、対応アプリやWebでの支払い、対応店舗での支払いに利用できる。店舗で支払う場合は、クレジットカードに紐付けられた電子マネー（iDまたはQUICPay）で決済し、その請求をクレジットカードで支払う形になる。よって、登録したクレジットカードが使えるのは、iDかQUICPayでの支払いに対応する店舗に限られる。

Apple Payでできることを知ろう

カードはiPhone 8／8 Plus以降で12枚まで、それ以前のモデルは8枚まで登録できる。表示順はドラッグで入れ替えでき、一番前に表示されるカードがメインカードとして設定される

Apple PayはWalletアプリで管理する

Apple Payの管理には、iPhoneに標準インストールされている「Wallet」アプリを利用する。上段に登録したSuicaやクレジットカード、下段にパスが表示される。

1 iPhone内でチャージもできる
SuicaやPASMOを使う

iPhoneでタッチして改札を通過

Apple PayにSuicaやPASMOを登録すると、iPhoneでタッチして電車やバスに乗れるほか、電子マネーとして店舗で使ったり、Apple Payに登録したクレジットカードでチャージできる。

2 店舗での「カード払い」はできない
クレジットカードを使う

iD／QUICPay対応店舗で利用できる

Apple Pay対応のクレジットカードしか登録できないが、主要なカードは対応している。店で使う際はiD／QUICPay経由で決済するので、支払いに使えるのはiD／QUICPay対応店に限られる。

3 iPhone 6、6s、SEでも利用可能
アプリやWebで使う

アプリ内やネット通販の支払いもOK

登録したクレジットカードで、アプリ内の支払いや、ネット通販などの支払いを行える。ただしVISAのカードは、アプリやWebでの決済に非対応となっているので注意しよう。

「パス」欄の使い方

Walletアプリ下段の「パス」欄では、搭乗券やiTunes Passなどの電子チケットを登録して管理できる。「入手」→「Wallet用のAppを検索」で対応アプリを検索できる。

Suicaを登録して駅やコンビニで利用する

SuicaやPASMOをApple Payに登録しておけば、電車やバスの改札も、対応店舗や自販機での購入も、iPhoneでタッチするだけ。ここではSuicaを例に登録方法を解説するが、PASMOの登録方法と使い方もSuicaとほぼ同じだ。

WalletアプリでSuicaを発行または登録する

1 Walletアプリで「Suica」をタップ

Walletアプリを起動したら、右上にある「＋」ボタンをタップ。iCloudにサインインして「続ける」をタップすると、カードの種類の選択画面が表示されるので、「Suica」をタップしよう。

2 Wallet内でSuicaを発行する

チャージしたい金額を入力してタップ

チャージしたい金額を入力して「追加」をタップすると、Suicaを新規発行できる。ただし、Walletにクレジットカードが登録されていなかったり、登録したカードがVISAだと、Suicaの発行やチャージはできない（VISAの場合は、下記Suicaアプリでチャージする）。

3 プラスチックカードのSuicaを登録する

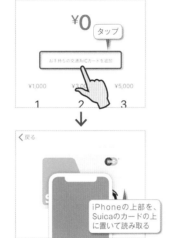

タップ

iPhoneの上部を、Suicaのカードの上に置いて読み取る

すでに持っているプラスチックカードのSuicaをWalletに追加するには、「お手持ちの交通系ICカードを追加」をタップし、画面の指示に従ってSuicaID番号の末尾4桁や生年月日を入力。あとはiPhoneでカードを読み取ればよい。

Suicaアプリから新規発行して登録する

Suica

作者／East Japan Railway Company
価格／無料

1 発行するSuicaのタイプを選択

記名式のMy Suicaがおすすめ。無記名で登録しても、あとから会員登録を済ませれば記名式に変更できる

Suicaアプリをインストールして起動し、右上の「＋」をタップすると、Suicaを新規発行できる。「無記名」は会員登録不要で発行できるが、再発行やサポートの対象外になるので、「My Suica（記名式）」を選ぼう。

2 会員登録とクレジットカードの登録

VISAカードはApple Pay経由でSuicaにチャージできない。VISAカードでチャージしたい場合、ここで登録しておけば、SuicaアプリからSuicaへのチャージが可能になる

「発行手続き」をタップし、必要事項を入力していく。チャージにVISAのカードを使いたい場合、Apple Payからだとチャージできないので、一番下の「クレジットカードを登録する」にチェックして登録しておこう。

3 チャージ金額と決済方法を選択して追加

左ボタンは登録したクレジットカードでチャージ、右ボタンはApple Payの登録カードでチャージする

タップしてSuicaをApple Payに追加

「チャージ金額」をタップしてチャージする金額を選択し、Suicaに登録したカードまたはApple Payから、決済方法を選択。「次へ」をタップすると決済が完了し、WalletアプリにSuicaが追加される。

POINT

改札での使い方と注意点

改札を通る際は、アンテナのあるiPhone上部をリーダー部にタッチするだけ。事前の準備は何も必要なく、スリープ状態のままでよい。Face ID／Touch ID認証も不要だが、複数のSuicaを登録した場合は、「エクスプレスカード」に設定したSuicaのみ認証不要になる。また、iPhone XS／XS Max／XR以降は、バッテリーが切れても、予備電力で最大5時間までエクスプレスカードを使える。

複数登録した場合は、「設定」→「WalletとApple Pay」→「エクスプレスカード」で選択したSuicaが優先となり、Face ID／Touch ID不要で改札を通れる。

Suicaにチャージする方法と注意点

SuicaのチャージにはApple Payに登録したクレジットカードを使う。登録したカードがビューカードであれば、オートチャージの設定も可能だ。ただしVISAのカードはApple Pay経由でチャージできないので、Suicaアプリに登録してSuicaアプリからチャージする必要がある。

タップ

WalletアプリでSuicaを選択し、「チャージ」をタップしてチャージ金額を入力。

タップ

オートチャージ設定は、Suicaアプリを起動して「チケット購入・Suica管理」をタップ、「オートチャージ設定」から行う。

クレジットカードを登録して電子マネー決済

各種クレジットカードをApple Payに登録しておけば、iDまたはQUICPayの機能が割り当てられ、iD／QUICPay対応店舗でiPhoneをタッチして購入できる。また、Suicaのチャージや、アプリ／Webでの支払いにも利用できる。

Apple Payにクレジットカードを登録する

1 「クレジット/プリペイドカード」をタップ

Walletアプリを起動したら、右上にある「＋」ボタンをタップ。「続ける」をタップすると、カードの種類の選択画面が表示されるので、「クレジットカード等」をタップしよう。

2 Apple ID登録済みカードを追加する場合

Apple IDにクレジットカードを登録済みなら、「登録履歴のあるカード」として表示されるので、セキュリティコードを入力して「次へ」をタップ。手順4に進み、SMSなどでカード認証を済ませよう。

3 他のクレジットカードを追加する場合

「ほかのカードを追加」をタップした場合は、カメラの枠内にカードを合わせて、カード番号や有効期限などを読み取ろう。読み取れなかったカード情報を補完していき、セキュリティコードを入力して「次へ」。

4 カード認証を済ませてApple Payに追加

カードをWalletアプリに追加したら、最後にカード認証を行う。認証方法は「SMS」のまま「次へ」をタップ。SMSで届いた認証コードを入力すれば、このカードがApple Payで利用可能になる。

登録したクレジットカードの使い方と設定

1 iDかQUICPayの対応を確認

まずは登録したクレジットカードが、iDとQUICPayのどちらに対応しているか確認しておこう。Walletアプリでカードをタップすると、iDまたはQUICPayのマークが表示されているはずだ。

2 メインカードを設定しておく

「設定」→「WalletとApple Pay」の「メインカード」を選択しておくと、Walletアプリの起動時に一番手前に表示され、そのまま素早く支払える。「サイド（ホーム）ボタンをダブルクリック」のオンも確認しておこう。

3 対応店舗でiPhoneをかざして決済

店での利用時は、「iDで」または「QUICPayで」支払うと伝えよう。ロック中にサイド（ホーム）ボタンを素早く2回押すと、Walletが起動するので、顔または指紋を認証させて店のリーダーにiPhoneをかざせば、支払いが完了する。

POINT アプリやWebでApple Payを利用する

いくつかのアプリやネットショップも、Apple Payでの支払いに対応している。例えばTOHOシネマズアプリでは、映画チケットの購入画面で「Apple Pay」のボタンをタップすると、顔または指紋認証で購入できる。

Apple Payの紛失対策と復元方法

Apple Payによる手軽な支払いは便利だが、不正利用されないかセキュリティ面も気になるところ。iPhoneを紛失した場合や、登録したSuicaやクレジットカードが消えた場合など、万一の際の対策方法を知っておこう。

iPhoneを紛失した場合の対処法

1 紛失に備えて設定を確認しておく

オンを確認

まずは、紛失や故障に備えて有効にしておくべき項目をチェックしよう。「設定」を開いたら上部のApple IDをタップし、「iCloud」→「Wallet」と「探す」→「iPhone探す」が、それぞれオンになっていることを確認する。

2 紛失としてマークしApple Payを停止

紛失モードにすることで、そのデバイスではApple Payが無効となり利用できなくなる。デバイスがオフラインの場合でも停止されるが、エクスプレスカードのSuicaは次回オンラインになった時に停止される

iPhoneを紛失した際は、「探す」アプリ（P111で解説）などで紛失したiPhoneを選択し、「紛失としてマーク」の「有効にする」をタップ。紛失モードにすれば、Apple Payの利用を一時的に停止できる。

3 念のためカード情報も削除しておく

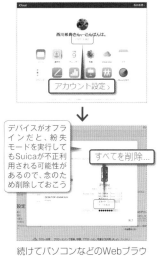

デバイスがオフラインだと、紛失モードを実行してもSuicaが不正利用される可能性があるので、念のため削除しておく

続けてパソコンなどのWebブラウザでiCloud.comにアクセスし「アカウント設定」をクリック。マイデバイスでiPhoneを選択したら、Apple Pay欄で「すべてを削除」をクリック。これで、Apple Payに登録したカードをすべて削除できる。

4 すべてのカードが削除された

紛失モードの実行だけだと、ロックを解除してiCloudにサインインすれば、再度カードが使えるようになる。iCloud.comでカード情報を削除した場合は、すべてのカードが使えないので、下記手順の通り再登録が必要になる。

Suicaが消えた場合の復元方法

1 Suicaを削除してWalletアプリを起動

Suicaは削除した時点で、データがiCloudに保存される仕組みになっている。紛失や故障でiPhoneから削除できない場合は、iCloud.comでSuicaを削除しておき、Walletアプリの「＋」→「Suica」をタップ。

2 削除したSuicaを選択して復元

再追加するSuicaにチェック

削除したタイミングによっては、翌日の午前5時以降にならないと復元が完了しない場合もある

削除したSuicaの履歴が表示されるので、復元したいカードにチェックして「続ける」をタップしよう。残高もしっかり復元される。ただし、削除した翌日の午前5時以降でないと復元できない場合もあるので注意。

クレカが消えた場合の復元方法

1 カードを削除してWalletアプリを起動

クレジットカード情報も暗号化されてiCloudにバックアップされている。紛失や故障でiPhoneから削除できない場合は、iCloud.comでカードを削除し、Walletアプリの「＋」→「クレジットカード等」をタップ。

2 クレジットカードを新規登録し直す

再追加するカードにチェック

セキュリティーコードを入力

削除したカードの履歴が表示されるので、復元したいカードにチェックして「続ける」をタップしよう。あとは3桁のセキュリティーコードを入力して「次へ」をタップするだけで、クレジットカードが再追加される。

002

電子決済

QRコードを読み取るタイプのスマホ決済

ますます普及するQRコード決済を使ってみよう

ポイント還元率が高く、個人商店などでも使える

iPhoneだけで買い物する方法としては、P084の「Apple Pay」の他に、「QRコード決済」がある。いわゆる「○○ペイ」がこのタイプで、各サービスの公式アプリをインストールすれば利用できる。あらかじめ銀行口座やクレジットカードから金額をチャージし、その残高から支払う方法が主流だ。店舗での支払い方法は、QRコードやバーコードを提示して読み取ってもらうか、または店頭のQRコードを自分で読み取る2パターン。タッチするだけで済む「Apple Pay」と比べると支払い手順が面倒だが、各サービスの競争が激しくお得なキャンペーンが頻繁に行われており、比較的小さな個人商店で使える点がメリットだ。ここでは「PayPay」を例に、基本的な使い方を解説する。

PayPayの初期設定と基本的な使い方

1 公式アプリをインストールする

PayPay

作者／PayPay Corporation
価格／無料

QRコード決済を利用するには、各サービスの公式アプリをインストールする必要がある。ここでは「PayPay」を例に使い方を解説するので、まずはPayPayアプリのインストールを済ませて起動しよう。

2 電話番号などで新規登録

電話番号とパスワードを入力して「新規登録」をタップ。または、Yahoo! JAPAN IDやソフトバンク・ワイモバイルのIDで新規登録できる。

3 SMSで認証を済ませる

電話番号で新規登録した場合は、メッセージアプリにSMSで認証コードが届くので、入力して「認証する」をタップしよう。

4 チャージボタンをタップする

ホーム画面が表示される。実際に支払いに利用するには、まず残高をチャージする必要があるので、バーコードの下にある「チャージ」ボタンをタップしよう。

5 チャージ方法を追加してチャージ

タップしてチャージ方法を追加。銀行口座を追加する場合は、Yahoo! JAPAN IDが必要

100円以上の金額を入力して「チャージする」をタップ

「チャージ」ボタンをタップし、「チャージ方法を追加してください」から銀行口座などを追加。金額を入力して「チャージする」をタップしよう。

バーコードを提示して支払う

PayPayの支払い方法は2パターン。店側に読み取り端末がある場合は、ホーム画面のバーコード、または「支払う」をタップして表示されるバーコードを店員に読み取ってもらおう

店のQRコードをスキャンして支払う

店側に端末がなくQRコードが提示されている場合は、「スキャン」をタップしてQRコードを読み取り、金額を入力。店員に金額を確認してもらい、「支払う」をタップすればよい

003
パスワード管理

Webサービスやアプリのログイン情報を管理
パスワードの自動入力
機能を活用する

パスワードの自動生成や重複チェックも

iPhoneでは、一度ログインしたWebサイトやアプリのIDとパスワードを「iCloudキーチェーン」に保存し、次回からはワンタップで呼び出して、素早くログインできる。このパスワード管理機能は、iOSのバージョンアップと共に強化されており、現在はWebサービスなどの新規ユーザー登録時に強力なパスワードを自動生成したり、漏洩の可能性があるパスワードや使い回されているパスワードを警告する機能も備えている。また、IDとパスワードの呼び出し先は「iCloudキーチェーン」だけでなく、「1Password」、「LastPass」、「Dashlane」「Keeper」、「Remembear」などの、サードパーティー製パスワード管理アプリも利用できる。

保存したパスワードで自動ログインする

1 自動生成されたパスワードを使う

一部のWebサービスやアプリでは、新規登録時にパスワード欄をタップすると、強力なパスワードが自動生成され提案される。このパスワードを使うと、そのままiCloudキーチェーンに保存される。

2 ログインに使った情報を保存する

Webサービスやアプリに既存のIDでログインした際は、そのログイン情報をiCloudキーチェーンに保存するかを聞かれる。保存しておけば、次回以降は簡単にIDとパスワードを呼び出せるようになる。

3 パスワードの脆弱性をチェック

iCloudに保存されたパスワードは「設定」→「パスワード」で確認できる。また「セキュリティに関する勧告」をタップすると、問題のあるパスワードが一覧表示され、その場でパスワードを変更できる。

POINT

連絡先やカード情報を自動で入力する

「設定」→「Safari」→「自動入力」で「連絡先の情報を使用」と「クレジットカード」をオンにしておけば、Safariでメールアドレスや住所、クレジットカード情報なども自動入力できるようになる。

4 自動入力機能と管理アプリ連携

「設定」→「パスワード」→「パスワードを自動入力」のスイッチをオンにしておく。また「1Password」など他のパスワード管理アプリを使うなら、チェックを入れ連携を済ませておこう。

5 候補をタップするだけで入力できる

Webサービスやアプリでログイン欄をタップすると、保存されたパスワードの候補が表示される。これをタップするだけで、自動的にID／パスワードが入力され、すぐにログインできる。

6 候補以外のパスワードを選択する

表示された候補とは違うパスワードを選択したい場合は、鍵ボタンをタップしよう。このサービスで使う、その他の保存済みパスワードを選択して自動入力できる。

のぞき見や情報漏洩を防御!
プライバシーを完璧に保護する セキュリティ設定ポイント

他人に情報を 盗まれないよう 万全の設定を

仕事や遊び、日々の暮らしに密着して活躍するiPhoneには、さまざまなプライバシー情報が記録されている。大事な情報が漏洩しないよう設計されているが、それでも万全ではない。ウイルスやハッキングといった脅威以前に、ちょっとした隙にのぞき見されたり、勝手に操作されるという身近な危険に注意したい。まず、画面ロックの設定は必須だが、ロック画面でもいくつかの情報にアクセス可能だ。プライバシー保護を重視するなら、設定を見直しておきたい。その他、安全性を優先した設定ポイントを紹介するのでチェックしておこう。ただし、すべて実行すると操作性に影響してしまう。自分の使い方を考え、バランスを見ながら設定しよう。

画面ロックをしっかり設定する

1 画面ロックを 設定する

必須設定!

スイッチをオンにし、顔や指紋を登録する。Touch ID（ホームボタン搭載機種）の指紋は、「指紋を追加」で複数の指を登録しておくと便利

iPhoneを不正使用されないよう、画面ロックは必ず設定しよう。初期設定時に設定していない場合は、「設定」→「Face ID（Touch ID）とパスコード」で「iPhoneのロックを解除」をオンにし、顔（指紋）登録とパスコード設定を行う。

2 パスコードを 複雑なものに変更

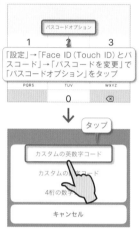

「設定」→「Face ID（Touch ID）とパスコード」→「パスコードを変更」で「パスコードオプション」をタップ

タップ

画面ロックは、顔（指紋）認証以外にも登録したパスコードでも解除可能。パスコードを6桁の数字から、自由な文字数の英数字コードに変更すれば、安全性は劇的に高まる。

3 自動ロックまでの 時間を短くする

うっかり置きっ放しにしても、自動でロックがかかる。セキュリティのみを重視するなら30秒がよい

iPhoneは、しばらく操作しないと自動的にロックがかかる。この自動ロックまでの時間は、短い方が安全性が高まる。「設定」→「画面表示と明るさ」→「自動ロック」で設定しよう。

ロック画面のセキュリティをチェックする

1 ロック画面からも 各種情報にアクセスできる

ロックを解除しなくても電話をかけたりメッセージを送信できる!

カレンダーのウィジェットや通知で予定が漏洩!

設定でロック中にSiriを許可してると、ロックを解除しなくてもSiriを使って電話をかけたりメッセージを送信できる。例えばロック中にSiriを起動して「電話」と話しかけると、「どなたに電話をかけますか?」と聞かれる。「妻」や適当な名前を伝えると、該当する連絡先があればそのまま電話が発信される。

ロック画面では、ウィジェットや通知も表示することができる。例えばカレンダーアプリでウィジェットや通知のプレビューを常に有効にしている場合、ロックを解除しなくても予定を表示することができる。

2 ロック中のアクセス をオフにする

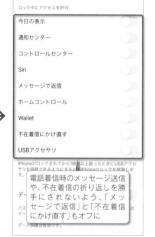

電話着信時のメッセージ送信や、不在着信の折り返しを勝手にされないよう、「メッセージで返信」と「不在着信にかけ直す」もオフに

「設定」→「Face ID（Touch ID）とパスコード」の「ロック中にアクセスを許可」欄の各スイッチをオフにすれば、ロック画面で情報にアクセスできなくなる。ウィジェットは、「今日の表示」をオフにして非表示にする。

> データ消去の設定 をオンにする

スイッチをオンに

「設定」→「Face ID（Touch ID）とパスコード」の一番下にある「データを消去」をオンにすると、パスコード入力に10回失敗した段階でiPhone内の全データが消去される。データ保護を最優先したい場合は設定しておこう。

通知を適切に設定する

1 メールやメッセージの通知を設定

> 通知の内容を見られたくないなら、「サウンド」と「バッジ」以外の項目をオフにしておこう

メールやメッセージの通知をのぞかれるのが嫌なら、通知をオフにするか、表示の設定を変更しよう。「設定」→「通知」でアプリを選択。通知のオン／オフやロック画面への表示、バナー表示などを詳細に設定できる。

2 メールやメッセージのプレビューをオフに

> 「設定」→「通知」でメールやメッセージを選び、「プレビューを表示」を「しない」もしくは「ロックされていないときのみ」にする。メールはアカウントごとに設定可能だ。また、「設定」→「通知」の一番上で、全アプリのプレビュー表示をまとめて設定可能だ

メールやメッセージが着信した際、プレビューを表示する設定にしていると、本文の一部も表示されてしまう。内容をのぞき見されそうで心配な場合は、通知の「プレビューを表示」を「しない」にしよう。

iPhoneの名前を変更する

1 AirDropで名前が表示される

> これは写真の共有画面。近くのAirDropが有効なiPhoneの名前が表示された。卑猥な写真などを見せつけられる「AirDrop痴漢」にあわないよう、設定を再考しよう

AirDropが有効な状況では、近くのiPhone、iPadユーザーに名前を知られてしまう可能性がある。使わない時は、「設定」→「一般」の「AirDrop」で「受信しない」に設定しておくか、iPhoneの名前を変更しておこう。

2 iPhoneの名前を変更する

> タップして変更。本名が入っている場合は削除しよう

「設定」→「一般」→「情報」→「名前」でiPhoneの名前を変更しよう。複数のデバイスを使い分けていると区別に困ることもあるので、自分だけが分かる端末名を付けておくといいだろう。

iMessageで電話番号を知られないようにする

メッセージアプリでは意図せず電話番号を知られてしまうことも

> メールアドレス宛てに送信

> 受け取った相手のメッセージアプリに自分の電話番号が表示されてしまった

メッセージアプリでiMessageのメールアドレス宛てにメッセージを送信した際、標準の設定のままだと相手に電話番号も知られてしまう。電話番号を教えたくない場合は、右の通り設定を変更しよう。

1 発信元アドレスを変更する

> メールアドレスをタップしてチェックを入れる

> 相手の画面には、指定したメールアドレスが表示される

「設定」→「メッセージ」→「送受信」の「新規チャットの発信元」を、電話番号からメールアドレスに変更すると、受信側には電話番号ではなくこのアドレスが表示されるようになる。「新規チャットの発信元」が表示されない場合は、「以下の連絡先とiMESSAGEの送受信ができます」欄のメールアドレス（Apple IDのメールアドレス）にチェックを入れよう。

2 送受信用のアドレスを追加

> タップしてアドレスを入力。このアドレスに届くコードで確認処理を行う

送受信用のアドレスを追加したい場合は、「設定」の一番上からAapple IDの設定画面を開き、「名前、電話番号、メール」をタップ。「連絡先」欄の「編集」をタップし、続けて「メールまたは電話番号を追加」をタップして、アドレスを追加しよう。

3 Android宛てのSMSの場合

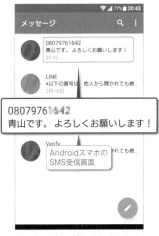

> AndroidスマホのSMS受信画面

メッセージアプリでは、Android宛てにSMSを送信することもできるが、SMSは電話番号を使ったメッセージサービスなので、当然相手に電話番号を知られてしまう。これは仕様なので避けられない。

> **POINT** iMessageの送受信用連絡先に関する基礎知識
>
> iMessageの送受信用連絡先は、デフォルトでは電話番号とApple IDのメールアドレスが利用でき、さらにメールアドレスを追加することもできる。登録したメールアドレスは、iPhoneやiPad、Mac相手にメッセージアプリでiMessageをやり取りするための宛先情報になるだけだ。例えば、送受信用連絡先に追加したGmailアドレス宛てのiMessageを受け取った場合、当然Gmail上で通常のメールとしては受信されない。同様に、メールアプリからそのGmailアドレス宛てに送信されたメールは、メッセージアプリでは受信できない。

ますます精度が高まった秘書機能
本当はもっと凄い！絶対試したくなるSiriの活用法

実用的な操作から遊び心あふれる使い方まで紹介

電源ボタンやホームボタンを長押しして起動できる「Siri」は、「○○をオンに」、「○○に電話して」、「ここから○○までの道順は？」などとiPhoneに話しかけて、さまざまな情報検索や操作を行ってくれる秘書のような機能だ。Siriは、ここで紹介するような意外な使い方もできるので、試してみよう。また、「さようなら」と話しかけるとSiriを終了できるので覚えておこう。なお、あらかじめ「設定」→「Siriと検索」で機能を有効にしておく必要がある。

Siriの便利で楽しい使い方

流れている曲名を知る
「この曲は何？」

「この曲は何？」と話しかけ、音楽を聴かせることで、今流れている曲名を表示させることができる。

通貨を変換する
「128ドルは何円？」

例えば「128ドルは何円？」と話しかけると、最新の為替レートで換算してくれる。各種単位換算もお手のものだ。

家族の名前を登録
「妻に電話する」

「妻（母や父などでもOK）に電話」と話しかけ、連絡先の名前を伝えると、家族として登録され、以降「妻に電話」で操作を行える。

リマインダーを登録
「○○すると覚えておいて」

「8時に○○に電話すると覚えておいて」というように「覚えておいて」と伝えると、用件をリマインダーに登録。

おみくじやサイコロ
「おみくじ」「サイコロ」

「おみくじ」でおみくじを引いてくれたり、「サイコロ」でサイコロを振ってくれるなど、遊び心のある使い方も。

設定した全アラームを削除
「アラームを全て削除」

ついアラームを大量に設定してしまう人は、Siriに「アラームを全て削除」と話しかければ簡単にまとめて削除可能。

Siriが持つ高度な機能

＞ 日本語から英語に翻訳する

翻訳したい言葉＋「英語に翻訳」「英語で」「翻訳して」でも翻訳できる。原稿執筆時点では英語と中国語に翻訳でき、韓国語も対応予定となっている

Siriに「（翻訳したい言葉）を英語にして」と話しかけると、日本語を英語に翻訳し、音声で読み上げてくれる。再生ボタンをタップすれば、読み上げを何度でも再生できる。

＞ 保存されているパスワードを表示

例えば「Twitterのパスワード」と話しかけると、「設定」→「パスワード」に保存されているTwitterのアカウントが一覧表示され、タップするとそれぞれのパスワードを確認できる

Siriに「（Webサービスやアプリ）のパスワード」と話しかけ、画面ロックを解除すると、保存中のパスワードを表示してくれる。

「Hey Siri」を利用する

＞ 「Hey Siri」を許可しておく

"Hey Siri、メッセージを送信。"と言ってください

「設定」→「Siriと検索」の「"Hey Siri"を聞き取る」をオンにする。画面の指示にしたがって、自分の声をSiriに認識させよう。

＞ 「Hey Siri」と呼びかけて起動

認識させた自分の声にしか反応しない

これで、電源（ホーム）ボタンを長押ししなくても、「Hey Siri」と呼びかけるだけでSiriを起動できるようになった。ロック画面でもSiriを使いたいなら、「設定」→「Siriと検索」の「ロック中にSiriを許可」をオンにし、「サイドボタンを押してSiriを使用」をオフにして、「Hey Siri」の呼びかけのみで起動するようにしておくのがおすすめだ

006

デザリング

iPhoneのテザリング機能を利用する

インターネット共有で
iPadやパソコンをネット接続しよう

iPhone を使って
ほかの外部端末を
ネット接続できる

iPhoneのモバイルデータ通信を使って、外部機器をインターネット接続することができる「テザリング」機能を利用すれば、ゲーム機やパソコン、タブレットなど、Wi-Fi以外の通信手段を持たないデバイスでも手軽にネット接続できるようになるので便利だ。通信キャリアごとにあらかじめ申し込みを済ませておけば、利用手順は簡単。iPhoneの「設定」から「インターネット共有」をオンにし、パソコンやタブレットなどの機器をWi-Fi接続するだけだ。BluetoothやUSBケーブル経由での接続も可能だ。

1 インターネット共有をオン

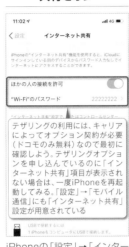

テザリングの利用には、キャリアによってオプション契約が必要（ドコモのみ無料）なので最初に確認しよう。テザリングオプションを申し込んでいるのに「インターネット共有」項目が表示されない場合は、一度iPhoneを再起動してみる。「設定」→「モバイル通信」にも「インターネット共有」設定が用意されている

iPhoneの「設定」→「インターネット共有」→「ほかの人の接続を許可」をオンにし、「"Wi-Fi"のパスワード」で好きなパスワードを設定しておこう。

2 外部機器とテザリング接続

インターネット共有する外部機器側は「設定」→「Wi-Fi」などでiPhone名をタップして接続

テザリング中は、時刻部分やステータスバーが青く表示される。モバイルデータ通信の使いすぎに注意しよう

接続したい機器のWi-Fi設定で、アクセスポイントとして表示されるiPhoneを選択。パスワードを入力すればテザリング接続できる。

POINT

iPadやMacとのテザリングはもっと簡単

タップ

iPhoneとiPadやMacが同じApple IDで、それぞれBluetoothとWi-Fiがオンになっていれば、Instant Hotspot機能により簡単にテザリング接続できる。iPadの「設定」→「Wi-Fi」を開くと、「マイネットワーク」欄にiPhone名が表示されるので、これをタップするだけだ。

007

画面

ランドスケープモードを使いこなそう

横画面だけで使える
iOSの隠し機能

縦向きのロックを
解除して本体を
横向きにしよう

アプリによっては、iPhoneを横向きの画面（ランドスケープモード）にした時だけ使える機能が用意されている。例えば、メッセージアプリで手書きメッセージを送信したり、計算機アプリで関数電卓を使うといったことが可能だ。まずはコントロールセンターを開いて、「画面縦向きのロック」ボタンをオフにしておこう。これで、iPhoneを横向きにした時に、アプリの画面も横向きに回転する。なお、従来のPlus系の機種はホーム画面も横向きに出来たが、XS Max以降の機種はできなくなっている。

1 画面縦向きのロックを解除する

オフにしておく

画面が縦向きにロックされていると、横画面にできない。コントロールセンターの「画面縦向きのロック」ボタンがオンの時は、これをオフにしておこう。

2 メッセージや計算機を横画面で利用する

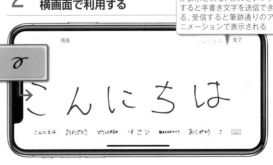

メッセージは横向きにすると、キーボードに手書きキーが表示される。これをタップすると手書き文字を送信できる。受信すると筆跡通りのアニメーションで表示される

計算機は横画面にすると、本格的な関数電卓に切り替わり、さまざまな数式を入力できるようになる

008

ユーザ辞書

メールアドレスや住所を予測変換に表示させる

よく使う言葉や文章を辞書登録して入力を最速化

メールアドレスや住所を登録しておくと便利

よく使用する固有名詞やメールアドレス、住所などは、「ユーザ辞書」に登録しておくと、予測変換からすばやく入力できるようになり便利だ。まず本体の「設定」→「一般」→「キーボード」→「ユーザー辞書」を開き、「＋」ボタンをタップ。新規登録画面が開くので、「単語」に変換するメールアドレスや住所を入力し、「よみ」に簡単なよみがなを入れて、「保存」で辞書登録しよう。次回からは、「よみ」を入力すると、「単語」の文章が予測変換に表示されるようになる。

1 ユーザ辞書の登録画面を開く

「設定」→「一般」→「キーボード」→「ユーザ辞書」をタップし、右上の「＋」ボタンをタップしよう。この画面で登録済みの辞書の編集や削除も行える。

2 「単語」と「よみ」を入力して保存する

「単語」に変換したいメールアドレスや住所を入力し、「よみ」に簡単に入力できるよみがなを入力して「保存」をタップすれば、ユーザ辞書に登録できる。

3 変換候補に「単語」が表示

「よみ」に設定しておいたよみがなを入力してみよう。予測変換に、「単語」に登録した内容が表示されるはずだ。これをタップすれば、よく使うワードや文章をすばやく入力できる。

009

文字入力

一筆書きのように文字を入力

キーボードをなぞって英文を入力する

iPhoneでは「英語」キーボードに切り替えた時のみ、キーボードを指を離さずに一筆書きのようになぞるだけで、なぞったキーから予測される英単語を入力できる。

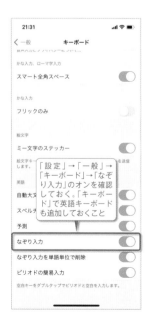

「設定」→「一般」→「キーボード」→「なぞり入力」のオンを確認しておく。「キーボード」で英語キーボードも追加しておくこと

なぞったキーから予測される英単語が入力されるので、同じ文字が2回続く英単語などでも、例えば「a」→「p」→「l」→「e」となぞればAppleを入力できる

010

文字入力

「空白」や「space」キーを長押しする

カーソルを自在に動かすトラックパッドモード

「空白」もしくは「space」キーをロングタップすると、キーが消えてトラックパッドモードになる。この状態で指を動かすと、カーソルをスムーズに動かせる。

キーボードの「空白」や「space」キーをロングタップしてみよう。3D Touch対応機種は、キーボード上のどこでもよいので強く押し込む

このようにキーの表示が消えてトラックパッドモードになる。トラックパッド上で指をスワイプしてカーソルを自由に動かせるようになる

011
文字入力

使いこなせばキーボードよりも高速に
精度の高い音声入力を本格的に利用しよう

認識精度も高く長文入力にも利用できる

iPhoneで素早く文字を入力したいなら、ぜひ音声入力を試してみよう。現在のiPhoneの音声認識能力は十分実用に耐えうる性能を備えており、長文入力にも対応できるほどだ。認識精度も高く、テキスト変換も発音とほぼ同時に行われる。句読点や記号、改行などの入力に慣れてしまえば、キーボードよりも高速に入力できるようになるかもしれない。誤入力や誤変換があっても、とりあえず最後まで音声入力し、後から間違いを選択して再変換する方法がおすすめだ。

1 音声入力モードに切り替える

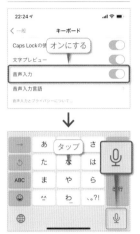

あらかじめ「設定」→「一般」→「キーボード」で「音声入力」を有効にしておき、キーボード右下にあるマイクボタンをタップすると、音声入力に切り替わる。

2 音声でテキストを入力する

iPhoneに向かって入力したい内容を話す。句読点や記号を入力したい場合は、右の表のかな表記の通り発声しよう

英語キーボードの状態でマイクボタンをタップすると、英語の音声入力モードになるので要注意。左下の地球儀ボタンで日本語に切り替えられる

POINT
句読点や記号を音声入力するには

改行	かいぎょう
スペース	たぶきー
、	てん
。	まる
「	かぎかっこ
」	かぎかっことじ
！	びっくりまーく
？	はてな
・	なかぐろ
…	さんてんりーだ
.	どっと
/	すらっしゅ
@	あっと
:	ころん
¥	えんきごう
※	こめじるし

012
通知

おやすみモードで通知を無効化
一定時間あらゆる通知を停止する

就寝中など通知に邪魔をされたくない時に

iOSには、「おやすみモード」が搭載されており、指定した時刻の間だけ、通知の表示や電話の着信などを停止させることができる。就寝時に通知や着信で睡眠を邪魔されたくない人には便利な機能だ。また、ゲームのプレイ中や動画の視聴中など、通知や着信を一時的に無効にしておきたいといった状況でも活用できる。この場合は、「設定」→「おやすみモード」で通知の設定を「常に知らせない」にチェックを入れておこう。なお、標準状態では、「iPhoneのロック中のみ知らせない」の設定になっている。

1 おやすみモードを設定する

おやすみモードを自動的に有効にする時間も指定できる

「設定」→「おやすみモード」で「おやすみモード」のスイッチをオンにしよう。「常に知らせない」にチェックを入れれば、操作中でも通知や着信が無効になる。

2 コントロールセンターで操作

タップしておやすみモードのオン／オフを切り替える。ロングタップすると、「1時間」や「このイベントが終了するまで」などスケジュールを設定できる

おやすみモードは、コントロールセンターの三日月ボタンをタップして機能をオン／オフすることもできる。おやすみモードがオンの時は、ステータスバーに三日月マークが表示される。

3 特定の相手のみ着信を許可する

「着信を許可」と「繰り返しの着信」で設定する

おやすみモードでも、特定の相手の着信のみ許可することが可能。電話アプリの「よく使う項目」だけ許可したり、同じ人から3分以内に2度目の着信があった場合は許可することもできる。

オンライン申し込み専用の低料金プランに乗り換えよう
主要キャリアの新料金プランをチェックする

大きく変わった新料金プランのポイントを確認

2021年3月にスタートした主要3キャリアの新料金プランは、これまでの料金プランと大きく変わっている。またプランの内容も、3社横並びのように見えて意外と違うので、新料金プランをどのように選べばよいか、ポイントを確認しておこう。主な違いは右の表でまとめている。なお、プランを変更して料金が安くなっても、使う回線は変わらないため、通信速度が遅くなることはない。5Gにも対応する（auは2021年夏に対応）。申し込みとサポートがオンラインのみで、キャリアメールなどが使えないといった注意点はあるが、総じて以前より大幅に安くなるので、iPhoneを購入したばかりで旧来のプランで契約済みの人も、プラン変更を検討してみよう。

主要3キャリアの新料金プラン

	docomo｜ahamo	au｜povo	SoftBank｜LINEMO
月額料金	2,970円(税込)	2,728円(税込)	2,728円(税込)
データ容量	20GB	20GB	20GB
国内通話料	5分以内かけ放題 5分超過後は 22円／30秒(税込) かけ放題＋1,100円(税込)	22円／30秒(税込) 5分以内かけ放題 ＋550円(税込) かけ放題＋1,650円(税込)	22円／30秒(税込) 5分以内かけ放題 ＋550円(税込) (加入後1年間無料) かけ放題＋1,650円(税込) (加入後1年間＋1,100円)
容量超過後の速度	1Mbps	1Mbps	1Mbps
容量超過後のチャージ	1GB／550円(税込)	1GB／550円(税込) 24時間／220円(税込)	1GB／550円(税込)
SMS	○	○	○
テザリング	○	○	○
キャリア決済	△(spモード決済は不可)	○	対応予定
キャリアメール	×	×	×
留守番電話	×	×	×
eSIM対応	対応予定	○	○
家族割などの適用	割引はないが家族数にカウント	割引はないが家族数にカウント(2021年夏までの早期申込特典)	なし
注目ポイント	5分以内かけ放題の音声通話を含めると、3社のプランの中でももっとも安い。「ファミリー割引」「みんなドコモ割」の割引対象外だが、家族人数のカウント対象になる。	24時間データ通信が使い放題になるオプションがある。出先でテザリング接続してオンライン作業をする必要があるなど、ギガを大量に消費しそうな時だけ利用すると便利。	加入後1年は5分定額の音声通話が無料でahamoより安い。LINEのトークや通話がカウントフリーで、2021年夏にはLINEスタンプ プレミアム(ベーシックコース)も無料になる。

※記載の料金は月額です。また、2021年4月現在の情報を元に作成しています。

iPhone 6s以降なら新プランで契約できる

主要3社の新プランに切り替える場合、手持ちのiPhoneが6s以降の機種なら問題なく契約できる。同じキャリアのままプランを変更することもできるし、MNPで他のキャリアから電話番号を変えずに乗り換えることも可能だ。なお、ahamoのみiPhone 6と6 Plusにも対応するが、発信者番号通知など一部機能が使えないほか、iPhone 6以前はSIMロックを解除できない点に気を付けよう。またpovoとLINEMOは、iPhone XS以降がeSIM対応機種となっている。原稿執筆時点では、povoでeSIMを契約できるのはMNPを含む新規契約時のみ。ahamoも今後eSIMに対応する予定だ。

新料金プランの注意点

28GB以上使うなら要検討

docomoは月額7,315円（税込）で、auとSoftBankは月額7,238円（税込）で通信量無制限のプランを提供しているので、単純計算すれば新料金プランで28GBほど使うと料金が並んでしまう。毎月のデータ使用量が多い人は乗り換えをよく考えよう。家族割や光回線セットなどを利用し月5,000円程度で通信量無制限の場合も、乗り換えがお得かどうかよく考えよう。

キャリアメールが使えない

新プランではキャリアメールが使えない。キャリアメールで契約しているWebサービスなどがあれば確認し、必要に応じて登録メールアドレスを変更する作業が必要になる。

留守番電話などが使えない

留守番電話サービスが使えなくなるほか、キャッチホンや転送電話も使えない。代替手段がなく、よく電話を使う人は注意が必要だ。電話番号で連絡できる「＋メッセージ」などを使って対処しよう。

一部キャリア決済が使えない

docomoのspモードコンテンツ決済サービスは使えなくなる。利用中のサービスは自動解約されるので、別の決済方法に変更しておこう。d払いやドコモ払いはそのまま使える。auの場合は「auかんたん決済」がそのまま使える。SoftBankは「ソフトバンクまとめて支払い」に対応する予定だが、原稿執筆時点では未対応のため、別の決済方法に変更する必要がある。

ahamo
povo
LINEMO

iPhone 6s以降はすべて使える！

新料金プラン契約の流れと注意点

1 申し込みは オンラインのみ

新料金プランは、キャリアショップではなく、それぞれの公式サイトから申し込む必要があるオンライン専用プランだ。オプション変更や開通手続きなどは、すべて自分で行う必要がある。またトラブルが発生した際も、ショップ持ち込みや電話サポートは使えず、チャットサポートを使ったりWeb上の情報を収集して、ある程度自力で解決するしかない。

2 SIMロック解除や SIMの交換は必要か確認する

docomoとauのiPhoneは、同じキャリアのプランに変更するなら、SIMロック解除もSIMカード交換も不要で簡単に変更できる。SoftBankの場合は、LINEMOに変更する場合でもSIMロック解除とSIMカードの交換が必須となっている。なお、docomoとauでSIMロック解除が不要な場合でも、一部の古いSIMカードを使っていると交換が求められる場合がある。

ahamo
https://ahamo.com/

povo
https://povo.au.com/

LINEMO
https://www.linemo.jp/

ショップは使えない

ショップや電話でサポートを受けられない

新プランはオンライン申し込み専用というだけでなく、契約後のサポートもオンライン専用となる。キャリアショップでのサービスはもちろん、電話サポートも受けられない。

	SIMロック解除不要	SIMロック解除必要	SIMカード交換必要
ahamo			
	docomo端末またはSIMフリーのiPhone 6/6 Plus以降	他社のiPhone 6s/6s Plus以降	他社からの乗り換え時と、docomoのVer.3以下の古いSIM（交換対象のSIMは手続き中に注意が表示される）
povo			
	au端末またはSIMフリーのiPhone 6s/6s Plus以降	他社のiPhone 6s/6s Plus以降	他社からの乗り換え時と、auのiPhone 7、7 Plus、6s、6s Plus、SE（第1世代）のSIM
LINEMO			
	SIMフリーのiPhone 6s/6s Plus以降	SoftBankおよび他社のiPhone 6s/6s Plus以降	すべての機種で新しいSIMカードかeSIMが必要

3 SIMロックを 解除する

SIMロック解除

NTTドコモ ← 他社のSIMカードなど

SIMロック解除とは、ドコモの携帯電話機に海外のSIMカードなどを入れ替えて使用したい場合や、国内で他社のSIMカードなどを入れ替えて使用したい場合に必要な手続きです。

※料金プラン「ahamo」の場合の提供条件について、詳しくはahamoサイト でご確認ください。

手順2でSIMロック解除が必要な端末なら、まずSIMロックを解除する必要がある。オンラインで簡単に解除できるので、各キャリアのサポートページでそれぞれ手続きを確認しよう。

4 新料金プランに 申し込む

docomoを契約中の方

料金プラン変更＋機種変更 スマホも合わせて…

料金プラン変更… 持っているスマ…

ahamoの場合は、下部メニューの「申し込み」をタップ。契約形態の選択画面が表示されるので、自分に合った項目を選択して申し込みを進めていこう

他のキャリアからMNPで乗り換えるなら、まずMNP予約番号を取得しておこう。続けて契約したいプランのWebサイトを開き、申し込み画面で指示に従って手続きを進めればよい。

解約金が発生するケースは？

2019年10月から2年縛りの解約金がなくなったので、これ以降に契約したプランなら、他のキャリアのプランに乗り換えても解約金は発生しない。2019年10月以前のプランに加入している人も、auかSoftBankであれば、一旦同じキャリアの新料金プラン（auならpovo、SoftBankならLINEMO）にプランを変更した上で、ahamoなど他のキャリアのプランに乗り換えれば解約金は発生しない。ただしdocomoのみ、2019年10月以前のプランに加入している人は注意が必要だ。一旦ahamoに乗り換えても2年縛りの契約期間がそのま

ま留保されるので、すぐにahamoを解約してpovoなどに乗り換えようとすると、10,450円の解約金が発生してしまう。これを防ぐには、とりあえず今のプランからahamoに変更した上で、2年縛りの期間が切れる月まで待てばよい。以降は好きなタイミングで解約して、他のキャリアのプランに乗り換えできる。

(A)

解約金の留保は継続されます。

docomoのみ、契約中のプランと解約のタイミングによっては、10,450円の解約金が発生するので注意。ahamoのQ&Aでも、解約金留保について明記されている

5 開通手続きを 行う

MNPや新規で契約する場合と、docomoとauのiPhoneでSIMカードが交換対象の場合、SoftBankのiPhoneでは、SIMカードの交換が必要

2:44

設定　モバイル通信

モバイルデータ…
通信のオプション
インターネット…
モバイルデータ通信…
シュ通知などのすべ…

ドコモ
モバイル通信プラン　ahamo
ネットワーク選択　NTT DOCOMO

ahamoの場合は、公式サイトのログインページやahamoの公式アプリからログインし、開通手続きを実行する。「1580」に電話して開通手続きを開始することもできる

手順2でSIM交換が必要な場合は、SIMカードが届くのを待って自分で入れ替える。続けて開通手続きが必要なので、各プランの公式サイトに載っている開通手続きの手順を参考に設定を進めよう。

POINT 楽天モバイルも 検討してみよう

主要3社の新料金プランはどれも20GBまで使えるが、普段そんなに使わないからもっと安いプランが欲しい人におすすめなのが、楽天モバイルの「Rakuten UN-LIMIT」だ。何しろ月1GBまでなら無料で利用でき、どんなに使っても上限は3,278円。ちなみに3GBまで1,078円、20GBまで2,178円の段階制なので、20GBまでならahamoなどよりも安い。また音声通話もRakuten Linkアプリを使うと無料でかけ放題だ。ただし対応エリアが狭いのが難点。対応エリア外はパートナー回線としてauの回線が使えるが、上限5GBまでとなる。使わなければ料金が発生しないので、とりあえず契約して予備のSIMカードとして持っておいてもいいだろう。

楽天モバイル
https://network.mobile.rakuten.co.jp/

月額料金	0～3,278円（税込）
データ容量	無制限（楽天エリア）5GB（パートナーエリア）
定額音声通話	かけ放題（アプリ利用）
国内通話料	0円（アプリ利用）アプリを使わないと22円／30秒（税込）
容量超過後の速度	1Mbps（パートナーエリアのみ）

014

データ通信

設定の見直しでデータ通信の使いすぎを防ぐ

通信制限を回避する
通信量チェック&節約方法

料金アップや通信速度の制限を避けよう

使った通信量によって段階的に料金が変わる従来の段階制プランだと、少し通信量をオーバーしただけでも次の段階の料金に跳ね上がる。またahamoなどの新プランでも、20GBの上限を超えて通信量を使い過ぎると、通信速度が大幅に制限されてしまう。このような、無駄な料金アップや速度制限を避けるためには、現在のモバイルデータ通信量をこまめにチェックするのが大切だ。今月の残りデータ量の確認や、通信量を節約する方法を知っておこう。

現在のデータ通信量の確認方法を知っておこう

> **ドコモ版での通信量確認方法**

「My docomo」アプリをインストールし、dアカウントでログイン。「データ・料金」画面で、今月のデータ残量を数値とグラフで確認することができる。

> **au版での通信量確認方法**

「My au」アプリをインストールし、au IDでログイン。「データ利用」画面で、今月のデータ残量や、データの利用履歴などを確認することができる。

> **ソフトバンク版での通信量確認方法**

「My SoftBank」アプリをインストールし、SoftBank IDでログイン。「データ通信量」画面で、今月のデータ残量を数値とグラフで確認することができる。

制限後の速度と解除のタイミング

ahamoなどの新プランと楽天モバイルは、データ上限を超過して通信速度が制限されても、1Mbpsまでの速度が出る。画像の表示や低画質の動画なども再生できるので、比較的ストレスはない。ただ、主要3社の段階制プランで上限を超過した場合と、au／SoftBankは無制限プランでもテザリングの利用などで上限30GBを超えた場合は、通信速度が128kbpsまで落ちてしまう。これは、メールやLINEの音声通話程度なら問題なく使えるものの、少し重いWebページもまともに表示できないほどの超低速だ。基本的に翌月に制限が解除され元の速度に戻るが、今すぐ高速通信を使いたいなら、1GBあたり500〜1,000円程度の追加料金を払う必要がある。

	制限後の通信速度	制限される期間
docomo	128kbps (ahamoは1Mbps)	当月末まで
au	128kbps (povoは1Mbps)	当月末まで
SoftBank	128kbps (LINEMOは1Mbps)	請求月末（締め日）まで
楽天モバイル	楽天回線エリアは制限なし	－
	パートナー回線は1Mbps	当月末まで

ウィジェットで通信量を確認

Databit

△ 作者／Jorge Cozain
価格／250円

1 契約データ量と締め日現在の使用量を入力

画面右上の歯車ボタンで設定を開き、「期間の通信量」に月の契約データ量を、「期間詳細」に請求締日を入力。初回は、キャリアのアプリなどで残データ量を確認し、「利用可能な通信量」に入力する。

2 ウィジェット画面で通信量をチェック

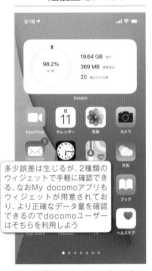

多少誤差は生じるが、2種類のウィジェットで手軽に確認できる。なおMy docomoアプリもウィジェットが用意されており、より正確なデータ量を確認できるのでdocomoユーザーはそちらを利用しよう

ホーム画面の空いたスペースをロングタップし、左上の「＋」ボタンから「Databit」のウィジェットを追加しておこう。残りデータ量や使用済みの容量、残り日数をいつでも確認できるようになる。

省データモードやアプリごとの通信制限を施す

1 省データモードを利用する

> 「設定」→「モバイル通信」→「通信のオプション」→「データモード」で、「省データモード」をチェック

残りデータ通信量が少ない時は、モバイル通信の設定で「省データモード」をオンにしよう。自動アップデートや自動ダウンロードなどのバックグラウンド通信が制限され、モバイル通信料を全体的に節約できる。

2 アプリのデータ通信利用を禁止する

> YouTubeなど、動画再生で通信量が増加しがちアプリはオフにしておこう。なお、この画面には一度モバイルデータ通信を使ったアプリしか表示されない

モバイルデータ通信中にうっかりストリーミング動画などを再生しないよう、アプリごとにモバイルデータ通信の使用を禁止することもできる。「設定」→「モバイル通信」で、禁止するアプリをオフにすればよい。

3 オフに設定したアプリを起動すると

> 「設定」をタップして、モバイルデータ通信の使用をすぐに開始することもできる

モバイルデータ通信の使用をオフにしたアプリを、Wi-Fiオフの状態で起動すると、このようなメッセージが表示される。これで、意図せずモバイルデータ通信を使ってしまうことを防止できる。

4 さらに細かく設定できるアプリも

> ミュージックアプリでは、「設定」→「ミュージック」→「モバイルデータ通信」で、ストリーミングやダウンロードにデータ通信を使うかどうかを個別に設定できる

ミュージック、iTunes Store、App Store、iCloud、そのほかサードパーティ製のアプリの一部では、機能によって細かくモバイルデータ通信を使用するかどうかを設定できる。

通信量を節約するための設定ポイント

> アプリのダウンロードはWi-Fiで

「設定」→「App Store」の「モバイルデータ通信」欄で、「自動ダウンロード」をオフ。「Appダウンロード」も「常に確認」にしておこう。

> バックグラウンド更新をオフにする

「設定」→「一般」→「Appのバックグラウンド更新」で、バックグラウンド更新の必要ないアプリはすべてオフにしておく。

> ミュージックのデータ通信をオフ

「設定」→「ミュージック」→「モバイルデータ通信」をオフにしておけば、ダウンロードやストリーミングにモバイルデータ通信を使わない。

> SNSアプリのデータ通信設定

主要SNSアプリのモバイルデータ通信設定もチェックしておこう。Twitterの「設定とプライバシー」→「データ利用の設定」で「データセーバー」をオンにすると、動画の自動再生が行われず、動画や画像の画質も低画質で表示され、通信量を節約できる。Facebookでは、「設定」→「動画と写真」で動画の自動再生やアップロードの設定を行える。また、LINEでは、「設定」→「写真と動画」で同様の設定が可能だ。通信量の節約重視であれば、自動再生をオフにし、送受信する写真や動画の画質も低画質にしておこう。

> iCloud DriveはWi-Fi接続時に同期

「設定」→「モバイル通信」の下部にある「iCloud Drive」をオフにしておけば、Wi-Fi接続時のみ書類とデータを同期する。

> Wi-Fiアシストをオフにする

「設定」→「モバイルデータ通信」の下部にある「Wi-Fiアシスト」をオフにしておけば、Wi-Fi接続が不安定な時に勝手にモバイルデータ通信に切り替わらない。

> メールの画像読み込みをオフ

「設定」→「メール」→「サーバ上の画像を読み込む」をオフにしておけば、HTMLメールに埋め込まれた画像を自動的に表示しなくなる。

POINT 意外と通信量を消費するマップの操作に注意

外出先で使うと、意外と通信量を消費するのが「マップ」だ。標準マップに限らずGoogleマップなどでも同様に、拡大・縮小などの操作を行うたびに読み込みが発生するので、通信量が膨大になる。

特に航空写真での拡大・縮小操作はNG!

> オフラインでも使えるマップアプリを試そう

Googleマップ

作者／Google LLC
価格／無料

> マップによるモバイルデータ通信量を節約したいなら、オフラインマップに対応した「Googleマップ」を使おう（P103で解説）。あらかじめ地図データを端末内にダウンロードしておくことで、オフラインの状態でもダウンロードした範囲の地図を表示したり、地名やスポットを検索できる

015
データ送受信

AirDropで手軽にデータを送受信
iPhone同士で写真や
データを簡単にやり取りする

AirDropで
さまざまなデータを
送受信する

　iOSの標準機能「AirDrop」を使えば、近くのiPhoneやiPad、Macと手軽にデータをやり取りできる。AirDropを使うには、送受信する双方の端末が近くにあり、それぞれのWi-FiとBluetoothがオンになっていることが条件だ。まずは、受信側のコントロールセンターで「AirDrop」をタップし、「連絡先のみ」か「すべての人」に設定。相手の連絡先が連絡先アプリに登録されていない場合は、「すべての人」に設定しよう。あとは送信側の端末で、各アプリの共有機能を用いて相手にデータを送信すればOKだ。

1 受信側でAirDrop
を許可しておく

受信側の端末でコントロールセンターを表示し、左上のWi-Fiなどのボタンがある部分をロングタップ。続けて「Air Drop」をタップし、「すべての人」に設定する。Wi-FiとBluetoothもオンにしておこう。

2 送信側で送りたい
データを選択する

送信側の端末で送信作業を行う。写真の場合は「写真」アプリで写真をタップして共有ボタンをタップ。検出された相手の端末名をタップすればいい。

3 受信側の端末で
データが受信

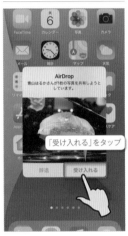

受信側にこのようなダイアログが表示される。「受け入れる」をタップすれば即座にデータの送受信が行われる。

016
Safari

余計な読み込みを防いで通信量も節約
Safariに不要な広告を
表示しないようにする

別途広告ブロック
アプリのインストール
も必要

　Safariでは広告を非表示にする「コンテンツブロック」機能が用意されている。ただしSafari単体では動作せず、別途「280blocker」などの広告ブロックアプリが必要なので、あらかじめインストールを済ませておこう。広告をブロックすることで、余計な画像を読み込むことなくページ表示が高速になり、データ通信量も節約できる。

280blocker

280
blocker

作者／Yoko
Yamamoto
価格／500円

1 コンテンツブロッカー
を有効にする

アプリをインストールしたら、「設定」→「Safari」→「コンテンツブロッカー」をタップ。「280blocker」のスイッチをオンにしておこう。

2 「280blocker」の
機能をオンにする

「280blocker」を起動し「広告をブロック」をオンにする。「SNSアイコンを非表示」と「最新の広告への対応」もオンにしておくのがおすすめだ。

3 Safariで広告が
非表示になる

Safariで開いたWebページの広告が表示されなくなった。余計な画像を読み込まないので表示が高速になり、データ通信量も節約できる。

017
Wi-Fi
入力の手間が省ける便利機能
Wi-Fiのパスワードを一瞬で共有する

端末同士を近づけるだけで共有完了

　相手がiPhoneやiPad、Macなら、自分のiPhoneに設定されているWi-Fiパスワードを、一瞬で相手の端末にも設定できる。友人に自宅Wi-Fiを利用してもらう際など、パスワード入力の手間が省ける上、パスワードの文字列が表示されないので、セキュリティ面も安心だ。手順も簡単で、相手端末の「設定」→「Wi-Fi」でネットワークを選び、パスワード入力画面を表示。後は、自分のiPhoneを近づけてメニューをタップするだけ。なお、この機能を利用するには、相手のApple IDのメールアドレスが連絡先に登録されている必要がある。

1 Wi-Fi接続したい相手端末の操作

Wi-Fi接続したい端末で、「設定」→「Wi-Fi」を開く。接続したいネットワーク名をタップし、パスワード入力画面を表示する。

2 iPhoneを相手の端末に近づける

Wi-Fiパスワード設定済みの自分のiPhoneを、相手の端末に近づける。このような画面が表示されるので、「パスワードを共有」をタップする。

3 一瞬でパスワードが入力され接続が完了

一瞬でパスワードが入力され、Wi-Fiに接続された。その際、パスワードの文字列が表示されないため、セキュリティ面でも安心できる機能だ。

018
タッチ操作
背面を叩いてスクリーンショットなどを実行
背面タップでさまざまな機能を起動させる

背面のダブルタップやトリプルタップに機能を割り当てる

　iPhone 8以降の機種なら、背面を素早く2回または3回叩くだけで、さまざまな操作を実行できる。あらかじめ「設定」→「アクセシビリティ」→「タッチ」→「背面タップ」で、呼び出す機能を設定しておこう。コントロールセンターを開いたり、スクリーンショットを撮影するといった機能のほかに、画面を上に／下にスクロールさせたり、ショートカット（No019で解説）で登録した操作も選択できる。2回叩くダブルタップと、3回叩くトリプルタップで、それぞれ違う機能を割り当てることが可能だ。

1 背面タップを設定する

「設定」→「アクセシビリティ」→「タッチ」で「背面タップ」をタップし、操作を「ダブルタップ」か「トリプルタップ」から選んでタップする。

2 割り当てる機能を選択する

背面タップの操作に割り当てる機能を選択しよう。Appスイッチャーの表示やSiriの起動、画面のロックなど、さまざまな機能を設定できる。

3 ショートカットも実行できる

下の方ではショートカットアプリに登録した操作も表示される。よく行う操作をショートカットとして登録しておけば、背面タップで素早く実行できる。

019
自動操作

Siriとも連携できる
よく行う操作を素早く呼び出せる「ショートカット」

アプリの面倒な操作をまとめてすばやく実行

「ショートカット」は、よく使うアプリの複数の操作をまとめた、ショートカットを作成するためのアプリだ。一度タップするかSiriに一言伝えるだけで、自動実行できるようになる。まずは「ギャラリー」画面のショートカットを登録すると、どんな事ができるかイメージしやすいだろう。変数や正規表現を使った、より複雑なショートカットも自作できる。

ショートカット

作者／Apple
価格／無料

1 ギャラリーからショートカットを取得

下部メニューの「ギャラリー」を開くと、Appleが用意したショートカットが一覧表示される。まずはこれらのショートカットを追加して使ってみるのがいいだろう。

2 マイショートカットで管理する

ギャラリーから取得したショートカットは、「マイショートカット」画面で管理する。「＋」ボタンで、自分で一からショートカットを作成することも可能だ。

3 特定条件で自動実行するオートメーション

「オートメーション」画面では、時刻や場所、設定などの指定条件を満たした時に、自動的に実行するショートカットを作成できる。

020
Dropbox

Dropboxでデスクトップなどを自動バックアップ
パソコンのデスクトップにiPhoneからアクセスする

Dropboxのバックアップ機能を利用しよう

会社のパソコンであらゆる書類や資料をデスクトップ上に保存している人は、Dropboxで「パソコンのバックアップ」機能を有効にしておこう。パソコンのデスクトップ上のフォルダやファイルが、丸ごと自動で同期されるので、特に意識しなくても、会社で作成した書類をiPhoneで確認したり、途中だった作業をiPhoneで再開できるようになる。

Dropbox

作者／Dropbox, Inc.
価格／無料

1 バックアップの設定をクリック

パソコンでシステムトレイにあるDropboxアイコンをクリックし、右上のユーザーボタンから「基本設定」をクリック。続けて「バックアップ」タブの「設定」ボタンをクリックする。

2 デスクトップを選択して同期

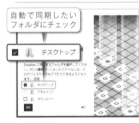

Dropboxで自動同期するフォルダを選択する。仕事の書類をデスクトップで整理しているなら、「デスクトップ」だけチェックを入れて「設定」をクリックし、指示に従って設定を進めよう。Dropboxフォルダ内に「My PC（デバイス名）」といったフォルダが作成され、パソコンのデスクトップ上のファイルが同期される。なお、同期したフォルダ内のファイルを削除すると、Dropboxとパソコンの両方から削除される点に注意しよう。

3 Dropbox公式アプリでアクセスする

iPhoneでは、Dropboxアプリを起動して「My PC」→「Desktop」フォルダを開くと、会社のパソコンでデスクトップに保存した書類を確認できる。

021
地図

標準マップより圧倒的に正確
機能も精度も抜群な Googleマップを利用しよう

旅行はもちろん 日々の移動でも 必ず大活躍

iOSの標準マップアプリよりもさらに情報量が多く、正確な地図がGoogleマップだ。地図データの精度をはじめ、標準マップより優れた点が多いので、メインの地図アプリとしてはGoogleマップをおすすめしたい。住所や各種スポットの場所を地図で確認するのはもちろん、2つの地点の最適なルート、距離や所要時間を正確に知ることができる経路検索、地図上の実際の風景をパノラマで確認できるストリートビュー、指定した場所の保存や共有など、助かる機能が満載だ。

Googleマップ

作者／Google, Inc.
価格／無料

Googleマップの基本操作

1 キーワードで 場所を検索

ここに住所や施設名を入力。「ホテル」や「コンビニ」などで検索すると、地図上に該当スポットをまとめて表示できる。また、右端のユーザーボタンで各種メニューを表示できる

現在地を表示

画面上部の検索ボックスに住所や施設名を入力して場所を検索する。

2 経路検索で ルートを検索

Googleアカウントでログインしていれば、検索履歴から素早く入力可能。また、連絡先に保存している名前を入力することで、登録してある住所を呼び出すこともできる

右下の経路検索ボタンをタップすると、出発／目的地を入力して経路検索ができる。移動手段は車や公共交通機関の他に、徒歩、タクシー、飛行機なども選択可能だ。

3 ルートと距離 所要時間が表示

オプションメニューボタン（3つのドット）で経由地の追加などを行える

自動車で検索すると、最適なルートがカラーのラインで、別の候補がグレーのラインで表示。所要時間と距離も示される。

Googleマップの便利な機能を活用する

＞ 今いる場所を 正確に知らせる

ロングタップ

↓

「現在地を送信」をタップ

現在地を知らせたい時は、ホーム画面のGoogleマップアプリをロングタップしよう。表示されたメニューで「現在地を送信」をタップし、続けて共有メニューで、メールやメッセージなどの共有方法を選択すればよい。

＞ 調べた場所を 保存しておく

「保存」をタップし、リストを選択。新しいリストも作成できる

検索結果やマップにピンを立てた際の、画面下部のスポット情報部分をタップして、詳細画面で「保存」をタップ。保存先リストを選択して、スポットを保存する。

＞ 自宅や職場を 登録しておく

右端のオプションメニューボタン（3つのドット）で、編集や削除を行える

下部メニューの「保存済み」を開き、「ラベル付き」欄の「自宅」および「職場」をタップして住所を入力。経路検索の入力画面に「自宅」「職場」の項目が表示され、タップするだけで出発地もしくは目的地に登録できるようになり、利便性が大きく向上する。

＞ オフラインマップ を利用する

タップ

↓

タップ

検索ボックス右のユーザーボタンから「オフラインマップ」→「自分の地図を選択」をタップ。保存したい範囲を決めて「ダウンロード」をタップすると、枠内の地図データが保存され、オフライン中でも利用できる。

使用中の「困った…」を完全撃退!

iPhoneトラブル解決
総まとめ

iPhoneがフリーズした、アプリの調子が悪い、圏外から復帰しない、ストレージ容量が足りない、紛失してしまった……などなど。よくあるトラブルと、それぞれの解決方法を紹介する。

動作にトラブルが発生した際の対処法

解決策 まずは機能の終了と再起動を試そう

iPhoneの調子が悪い時は、本体の故障を疑う前に、まずは自分でできる対処法を試そう。

まず、画面が表示されず真っ暗になる場合は、単に電源が入っていないか、バッテリー切れの可能性がある。一度バッテリーが完全に切れた端末は、ある程度充電しないと電源を入れられないので、しらばく充電しておこう。十分な時間充電しても電源が入らない場合は、ケーブルや電源アダプタを疑ったほうがよい。Apple純正品か、Apple MFi認証済みの製品を使わないと、正常に充電できない場合がある。

また、Wi-FiやBluetooth、各アプリの動作がおかしい時は、該当する機能やアプリを一度終了してから、再度起動すれば直ることが多い。完全終了してもまだアプリの調子が悪いときは、そのアプリをいったん削除して、再インストールしてみよう。

iPhoneの画面が、タップしても何も反応しない「フリーズ」状態になったら、本体を再起動してみるのが基本だ。強制的に再起動する方法は、ホームボタンのある機種とない機種で異なるので注意しよう。再起動してもまだ調子が悪いなら、各種設定をリセットするか、次ページの手順に従ってiPhoneを初期化してみよう。

各機能をオフにしもう一度オンに戻す

Wi-FiやBluetoothなど、個別の機能が動作しない場合は、設定からその機能を一度オフにして、再度オンにしてみよう。

不調なアプリは一度終了させよう

アプリが不調なら、Appスイッチャーを表示し、一度アプリを完全に終了させてから再起動してみよう。

アプリを削除して再インストールする

再起動してもアプリの調子が悪いなら、一度アプリを削除し、App Storeから再インストール。これで直る場合も多い。

本体の電源を切って再起動してみる

「スライドで電源オフ」を表示させて右にスワイプで電源を切り、その後電源ボタンの長押しで再起動できる。

本体を強制的に再起動する

「スライドで電源オフ」を表示できない場合は、強制再起動を試そう。フルディスプレイモデルとiPhone 8およびSE（第2世代）は上記手順で、iPhone 7は電源ボタンと音量を下げるボタンを同時に10秒以上長押しし、iPhone 6s以前とSE（第1世代）は電源ボタンとホームボタンを同時に10秒以上長押しすればよい。

それでもダメなら各種リセット

まだ調子が悪いなら「設定」→「一般」→「リセット」の項目を試す。データがすべて消えていいなら、次ページの方法で初期化しよう。

トラブルが解決できない場合のiPhone初期化方法

解決策 バックアップさえあれば初期化後にすぐ元に戻せる

P104のトラブル対処をひと通り試しても動作の改善が見られないなら、「すべてのコンテンツと設定を消去」を実行して、端末を初期化してしまうのがもっとも簡単&確実なトラブル解決方法だ。

初期化前には、バックアップを必ず取っておきたい。基本はiCloudバックアップ（P030を参照）さえ有効にしておけば、iPhoneが電源に接続中で画面ロック中、さらにWi-Fiに接続されている時に、自動でバックアップを作成してくれるので、突然動かなくなった場合にも慌てなくてよい。ただしiCloudは無料の容量が5GBまでなので、バックアップサイズが大きすぎるとバックアップが実行できない。また一部アプリは初期化され、履歴やパスワードも復元できない。下記の通り、「ローカルバックアップを暗号化」を有効にした上で、パソコンと接続してiTunes（MacではFinder）でバックアップを取っておけば、パソコンのHDD容量が許す限り完全なバックアップを作成できるので、初期化前に実行してiTunesから復元することをおすすめする。

なお、初期化しても直らない深刻なトラブルは、本体が故障している可能性が高い。「Appleサポート」アプリ（P106で解説）で、サポートに電話して問い合わせるか、アップルストアなどへの持ち込み修理を予約しよう。

1 「すべてのコンテンツと設定を消去」をタップ

端末の調子が悪い時は、一度初期化してしまおう。まず、「設定」→「一般」→「リセット」を開き、「すべてのコンテンツと設定を消去」をタップする。

2 iCloudバックアップを作成して消去

消去前にiCloudバックアップを勧められるので、「バックアップしてから消去」をタップ。これで、最新のiCloudバックアップを作成した上で端末を初期化できる。

3 iCloudバックアップから復元する

初期化した端末の初期設定を進め、「Appとデータ」画面で「iCloudバックアップから復元」をタップ。最後に作成したiCloudバックアップデータを選択して復元しよう。

4 すべてのファイルを復元したい場合は

iCloudバックアップでは保存しきれない写真やアプリ内のファイルもすべて復元したい場合は、iTunes（MacではFinder）でバックアップを作成しよう。下の囲みの通り暗号化しておけば、各種IDやパスワードも復元可能になる。iPhoneをパソコンと接続して、「このコンピュータ」と「ローカルバックアップを暗号化」にチェックし、パスワードを設定しよう。暗号化バックアップ作成が開始される。

5 パソコンのバックアップから復元する

初期化した端末の初期設定を進め、「Appとデータ」画面で「MacまたはPCから復元」をタップ。パソコンに接続し作成したバックアップから復元する。

6 バックアップ時の環境に復元される

バックアップから復元すると、バックアップ作成時のアプリなどがすべて再インストールされる。パソコンのバックアップで復元した場合は、端末内の写真なども復元される。

iPhoneのバックアップを暗号化しておこう

パソコンで作成した暗号化バックアップから復元すれば、各種IDやメールアカウントなど認証情報を引き継ぐほか、LINEのトーク履歴なども復元できる（LINEアプリ内でiCloudにトーク履歴を保存していなくても復元可能）。

iPhoneをパソコンに接続し、iTunes（MacではFinder）で「このコンピュータ」「ローカルバックアップを暗号化」にチェック。

パスワードの設定が求められるので、好きなパスワードを入力して「パスワードを設定」をクリック。復元時に入力が必要となるので、忘れないものを設定しておくこと。

バックアップが開始される。自動で開始されない場合は、「今すぐバックアップ」をクリックすれば手動でバックアップできる。端末のデータ容量によっては、バックアップ終了までにかなり時間がかかるので注意。

破損などの解決できない
トラブルに遭遇したら

解決策　「Appleサポート」アプリを
使ってトラブルを解決しよう

どうしても解決できないトラブルに見舞われたら、「Appleサポート」アプリを利用しよう。Apple IDでサインインし、端末と症状を選択すると、主なトラブルの解決方法が提示される。さらに、電話サポートに問い合わせしたり、アップルストアなどへの持ち込み修理を予約することも可能だ。

Apple サポート
作者／Apple
価格／無料

Apple IDでサインインしたら、マイデバイス一覧から、トラブルが発生した端末と、その症状を選んでタップしよう

アップルストアへの持ち込み修理予約やサポートへの電話問い合わせの他、さまざまなトラブル解決法も確認できる

Lightningケーブルが
破損・断線してしまった

解決策　Apple MFi認証済みの
高耐久性ケーブルを使おう

Apple純正のLightningケーブルは、高価な割に耐久性が低く、特にコネクタ根元の皮膜が破損しやすいのが難点だ。そこで、もっと頑丈な他社製のケーブルに買い換えよう。高耐久性がウリのケーブルはいくつかあるが、Appleに互換性を保証されたApple MFi認証済みケーブルを選ぶこと。

**PowerLine III USB-C &
ライトニング ケーブル(1.8m)**
メーカー／Anker
実勢価格／1,890円
25,000回の折り曲げにも耐える、Apple MFi認証済みのUSB-C - Lightningケーブル。USB PD対応のUSB-C充電器と組み合わせて使うと、iPhone 8以降のバッテリーを高速充電できる。

Apple純正のLightningケーブルは皮膜が弱く、特にコネクタ根本部分が破損しやすい。保証期間内であれば無償交換できることも覚えておこう

アップデートしたアプリが
うまく動作しない

解決策　一度削除して
再インストールしてみよう

自動更新されたアプリがうまく起動しなかったり強制終了する場合は、そのアプリを削除して、改めて再インストールしてみよう。これで動作が正常に戻ることが多い。一度購入したアプリは、購入時と同じApple IDでサインインしていれば、App Storeから無料で再インストールできる。

動作がおかしいアプリは、ホーム画面でアプリをロングタップして「Appを削除」→「Appを削除」をタップするか、ホーム画面の余白部分をロングタップしてアプリの「−」→「Appを削除」をタップして一度削除しよう

App Storeで、削除したアプリを検索して再インストールしよう。一度購入したアプリは、インストールボタンがiCloudボタンになり、これをタップすれば無料で再インストールできる

写真や動画をパソコンに
バックアップ

解決策　ドラッグ＆ドロップで
簡単にコピーできる

iCloudの容量は無料版だと5GBまで。iPhoneで撮影した写真やビデオをすべて保存するのは難しいことが多いので、パソコンがあるなら、iPhone内の写真・ビデオは手動でバックアップしておきたい。iTunesなどを使わなくても、ドラッグ＆ドロップで簡単にパソコンへコピーできる。

選択してパソコンのフォルダにドラッグ＆ドロップ

iPhoneとパソコンを初めてケーブル接続すると、iPhoneの画面に「このコンピュータを信頼しますか？」と表示されるので、「信頼」をタップ。iPhoneが外付けデバイスとして認識される。

iPhoneの画面ロックを解除すると、「Internal Storage」→「DCIM」フォルダにアクセスできる。「100APPLE」フォルダなどに、iPhoneで撮影した写真やビデオが保存されているので、ドラッグ＆ドロップでパソコンにコピーしよう。

Appleの保証期間を
確認、延長したい

 解決策　AppleCare+ for iPhoneで
2年まで延長可能

　すべてのiPhoneには、購入後1年間のハードウェア保証と90日間の無償電話サポートが付く。自分のiPhoneの残り保証期間は「設定」→「一般」→「情報」→「限定保証」かAppleのサイトで確認しよう。保証期間を延長したいなら、有料の「AppleCare+ for iPhone」に加入すれば、ハードウェア保証／電話サポートとも2年まで延長される。

「設定」→「一般」→「情報」→「限定保証」で保証期間を確認。また、「設定」の「一般」→「情報」でシリアル番号をコピーし、https://checkcoverage.apple.com/jp/ja/でシリアル番号を入力しても確認できる

サービスもサポートも、誰よりもiPhoneを知っているスタッフが担当します。

有料の「AppleCare+ for iPhone」に加入すれば、ハードウェア保証と電話サポートの期間を2年に延長できる。iPhone本体だけでなく、付属品にも延長保証が適用される

電波が圏外から
なかなか復帰しない時は

 解決策　機内モードをオンオフすると
すぐに電波の検出が開始される

　地下などの圏外から通信可能な場所に戻ったのに、なかなか電波がつながらない時は、一度機内モードをオンにし、すぐオフにすると、接続可能な電波をキャッチしに行く。それでも駄目なら、モバイルデータ通信を一度オフにしてオンにするか、iPhoneを再起動してみる、さらにいったんSIMカードを外して入れ直すといった方法を試そう。

コントロールセンターを開き、機内モードをタップしてオンにし、もう一度タップしてオフに戻そう。それでもつながらないなら、モバイルデータ通信のボタンをオン／オフしてみる

それでも駄目なら、一度iPhoneを再起動する（P104で解説）か、電源を切ってSIMカードを取り外し挿入し直してみよう

---

iPhoneの空き容量が足りなく
なったときの対処法

 解決策　「iPhoneストレージ」で
提案される対処法を実行しよう

　iPhoneの空き容量が少ないなら、「設定」→「一般」→「iPhoneストレージ」を開こう。アプリや写真などの使用割合をカラーバーで視覚的に確認できるほか、空き容量を増やすための方法が提示され、簡単に不要なデータを削除できる。使用頻度の低いアプリを書類とデータを残しつつ削除する「非使用のAppを取り除く」、ゴミ箱内の写真を完全に削除する「"最近削除した項目"アルバム」、サイズの大きいビデオを確認して削除できる「自分のビデオを再検討」などを実行すれば、空き容量を効率よく増やすことができる。また、動画配信アプリの不要なダウンロードデータなどもチェックし、削除しよう。

1　非使用のアプリを
　　自動的に削除する

この画面に表示されない場合は、「設定」→「App Store」→「非使用のAppを取り除く」をオンにする

タップすると、使っていないアプリは削除されるが、アプリ内の書類とデータは残る。アプリを再インストールするとデータは元に戻る

「設定」→「一般」→「iPhoneストレージ」→「非使用のAppを取り除く」の「有効にする」をタップ。iPhoneの空き容量が少ない時に、使っていないアプリを書類とデータを残したまま削除する。

2　最近削除した項目から
　　データを完全削除

タップして削除。写真アプリの「アルバム」→「最近削除した項目」から削除してもよい

「iPhoneストレージ」画面下部のアプリ一覧から「写真」をタップ。「"最近削除した項目"アルバム」の「削除」で、端末内に残ったままになっている削除済み写真やビデオを完全に削除できる。

3　サイズの大きい
　　不要なビデオを削除

右上の「編集」をタップし、不要な動画にチェックして選択したら、右上の「削除」をタップ。なお、動画配信アプリで保存したビデオを削除したい時は、「iPhoneストレージ」画面下部のアプリ一覧からそのアプリをタップしよう。ダウンロード済みのビデオが一覧表示され、左スワイプで削除できる

「iPhoneストレージ」画面下部のアプリ一覧から「写真」をタップ。「自分のビデオを再検討」をタップすると、端末内のビデオがサイズの大きい順に表示されるので、不要なものを消そう。

Apple IDのID（アドレス）や
パスワードを変更したい

解決策　設定から簡単に
変更できる

App StoreやiTunes Store、iCloudなどで利用するApple IDのID（メールアドレス）やパスワードは、「設定」の一番上のApple IDから変更できる。IDのアドレスを変更したい場合は、「名前、電話番号、メール」をタップ。続けて「編集」をタップして現在のアドレスを削除後、新しいアドレスを設定する。ただし、Apple IDの末尾が@icloud.com、@me.com、@mac.comの場合は変更できない。パスワードの変更は、「パスワードとセキュリティ」画面で行う。「パスワードの変更」をタップし、本体のパスコードを入力後、新規のパスワードを設定できる。

1 Apple IDの設定画面を開く

「設定」の一番上のApple IDをタップしよう。続けて登録情報を変更したい項目をタップする。

2 Apple IDのアドレスを変更する

IDのアドレスを変更するには、「名前、電話番号、メール」をタップし、続けて「編集」をタップ。現在のアドレスを削除後、新しいアドレスを設定する。

3 Apple IDのパスワードを変更

「パスワードとセキュリティ」で「パスワードの変更」をタップし、本体のパスワードを入力後、新規のパスワードを設定することができる。

誤って「信頼しない」を
タップした時の対処法

解決策　位置情報とプライバシーを
リセットしよう

iPhoneをパソコンなどに初めて接続すると、「このコンピュータを信頼しますか？」と表示され、「信頼」をタップすることでアクセスを許可する。この時、誤って「信頼しない」をタップした場合は、「位置情報とプライバシーをリセット」を実行すれば警告画面を再表示できる。

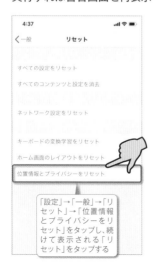

「設定」→「一般」→「リセット」→「位置情報とプライバシーをリセット」をタップし、続けて表示される「リセット」をタップする

パソコンなどとケーブルで接続すると、「このコンピュータを信頼しますか？」の警告が再表示されるようになるので、「信頼」をタップしよう

誤って登録された
予測変換を削除したい

解決策　キーボードの変換学習を
一度リセットしよう

タイプミスなどの単語を学習してしまい、変換候補として表示されるようになったら、「一般」→「リセット」→「キーボードの変換学習をリセット」を実行して、一度学習内容をリセットしよう。ただし、削除したい変換候補以外もすべて消えてしまうので要注意。

「設定」→「一般」→「リセット」をタップし、続けて「キーボードの変換学習をリセット」をタップする

本体のパスコードを入力して、「変換学習をリセット」をタップすれば、学習した予測変換候補が消えて表示されなくなる

メッセージアプリでスレッドが分かれた時の対処法

 解決策 まずは宛先が違っていないか確認しよう

同じ相手とメッセージをやり取りしているのに、スレッドが分かれて表示される場合は、宛先が異なっている可能性が高い。メッセージアプリでは、電話番号でやり取りするSMS以外に、送受信用のメールアドレスを複数選択できるiMessageや、au／ソフトバンクならMMS用のキャリアメールでも送受信できるので、まずは宛先を確認しよう。宛先が同じなのにスレッドが分かれる場合は、とりあえず分離したスレッドをすべて削除して端末を再起動するか、一度Apple IDをサインインし直す、といった方法を試そう。

1 宛先が違うとスレッドも分かれる

メッセージアプリで、同じ相手なのにスレッドが分かれて表示される場合は、宛先が異なっている。送信する宛先を、電話番号かメールアドレスどちらかに統一しよう。

2 メッセージの宛先を確認するには

メッセージ上部のユーザー名をタップして「i」をタップし、続けて「情報」をタップ。「最近使った項目」で表示されている電話番号やメールアドレスが、このスレッドのアドレスだ。

3 同じアドレスなのにスレッドが分かれる場合

宛先が同じなのにスレッドが分かれる場合は、該当スレッドを削除して、端末を再起動しよう。まだスレッドが分かれるなら、一度Apple IDをサインインし直してみる。

Apple PayのSuica残額がおかしい

 解決策 ヘルプモードをオンにしてしばらく待とう

Apple PayのSuicaにチャージしたのに、チャージ分が反映されないことがある。そんな時は、「Wallet」アプリでSuicaを表示させ、「…」→「ヘルプモードをオンにする」をタップしよう。ヘルプモードをオンにしたまま、しばらく待つと、残高が正常に反映されるはずだ。

「Wallet」アプリでSuicaを表示させ、「…」をタップ。開いた画面の下の方にある、「ヘルプモードをオンにする」をタップする

電源ボタンのダブルクリックや指紋認証で承認を済ませると、「ヘルプモード」が有効になる。あとはしばらく待っていれば、カードの照会が行われ、正常な残高に更新される

サブスクリプション（定期購読）を確認する

 解決策 設定から定期購読の状況を確認できる

月単位などで定額料金が発生するサブスクリプション（定期購読）のアプリやサービスは、必要な間だけ使えて便利な反面、中には無料アプリを装って月額課金に誘導する、悪質なアプリもある。いつの間にか不要なサービスに課金していないか、確認方法を知っておこう。

「設定」の一番上のApple IDをタップし、「サブスクリプション」をタップ

現在利用中や有効期間が終了したサブスクリプションのサービスを確認できる。この画面から、サービスのキャンセルも行える

パスコードを忘れて誤入力した時の対処法

解決策 **iPhoneを初期化してパスコードなしの状態で復元しよう**

iPhoneのロック画面は、Face IDやTouch IDで認証を失敗すると、パスコード入力を求められる。このパスコードも忘れてしまうとiPhoneにはアクセスできない。11回連続で間違えると入力を試すこともできず、パソコンに接続して初期化を求められる。このような状態でも、「iCloudバックアップ」（P030で解説）さえ有効なら、そこまで深刻な状況にはならない。「探す」アプリやiCloud.com（P111で解説）でiPhoneのデータを消去したのち、初期設定中にiCloudバックアップから復元すればいいだけだ。ただし、iCloudバックアップが自動作成されるのは、電源とWi-Fiに接続中の場合のみ。最新のバックアップが作成されているか不明なら、電源とWi-Fiに接続された状態で一晩置いたほうが安心だ。

一度同期したパソコンがあればもっと確実だ。iTunes（MacではFinder）に接続すれば、ロックを解除しなくても「今すぐバックアップ」で最新バックアップを作成できるので、そのバックアップから復元すればよい。ただし、「探す」がオンだと復元を実行できないので、「探す」アプリなどで一度iPhoneを消去する手順は必要となる。これらの手順で初期化できない場合は、リカバリーモードで強制的にiPhoneを初期化する方法もある。

1 パスコードを間違え続けるとロックされる

iPhoneは使用できません
1分後にやり直してください

パスコードを6回連続で間違えると1分間使用不能になり、7回で5分間、8回で15分間と待機時間が増えていく。11回失敗すると完全にロックされ、パソコンに接続して初期化を求められる。

2 「探す」アプリなどでiPhoneを初期化

り追跡したりできなくなります。

iPhone
タップ
続ける

別のiPhoneやiPad、Macがあれば、「探す」アプリで完全にロックされたiPhoneを選択し、「このデバイスを消去」→「続ける」で初期化しよう。パソコンなどのWebブラウザでiCloud.comにアクセスし、「iPhoneを探す」画面から初期化することもできる。

3 iCloudバックアップから復元する

Appとデータ
このiPhoneにAppとデータを転送する方法を選択してください。

iCloudバックアップから復元 >
MacまたはPCから復元 >

iCloudバックアップが最新状態か不安な時は、端末を消去する前に、電源とWi-Fiに接続した状態で一晩置いておこう。iCloudバックアップの自動作成タイミングは分からないので確実ではないが、最新のバックアップが作成される可能性がある

初期設定中の「Appとデータ」画面で「iCloudバックアップから復元」をタップして復元しよう。前回iCloudバックアップが作成された時点に復元しつつ、パスコードもリセットできる。

4 同期済みのiTunesがある場合は

今すぐバックアップ

このコンピュータ
iPhoneの完全なバックアップはこのコンピュータに保存されます。
☑ ローカルバックアップを暗号化
これにより、アカウントパスワード、ヘルスケアデータ、およびHomeKitデータのバックアップを作成できるようになります。
パスワードを変更...

一度iPhoneと同期したパソコンがあるなら、iPhoneがロックされた状態でもiTunes（MacではFinder）と接続でき、「今すぐバックアップ」で最新バックアップを作成できる。念の為、「このコンピュータ」と「ローカルバックアップを暗号化」にチェックして、各種IDやパスワードも含めた暗号化バックアップを作成しておこう。続けて手順2の通り、「探す」アプリなどでiPhoneを初期化する。

5 iTunesバックアップから復元する

このバックアップから復元: iPhone ◯
iPad
✓ iPhone

続ける　キャンセル

iPhoneを消去したら、初期設定を進めていき、途中の「Appとデータ」画面で「MacまたはPCから復元」をタップ。iTunesに接続して「このバックアップから復元」にチェックし、先ほど作成しておいたバックアップを選択。あとは「続ける」で復元すれば、パスコードが削除された状態でiPhoneが復元される。

6 「iPhoneを探す」がオフならリカバリーモード

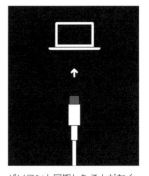

パソコンと同期したことがなく、「探す」機能でもiPhoneを初期化できない場合は、「リカバリーモード」で端末を強制的に初期化しよう。その後iCloudバックアップから復元すればよい。ただし、この操作はiTunes（MacではFinder）が必要になるので注意。また機種によって操作が異なるので、下の囲みにまとめている。

リカバリモードでiPhoneを初期化する方法

iPhone 8以降	iPhone 7／7Plus	iPhone 6s以前
iTunes（MacではFinder）と接続し、音量を上げるボタンを押してすぐに離す、音量を下げるボタンを押してすぐに離す、最後にリカバリモードの画面が表示されるまで電源ボタンを押し続け、「復元」をクリック。	電源ボタンと音量を下げるボタンを、リカバリモードの画面が表示されるまで同時に押し続け、「復元」をクリック。	電源ボタンとホームボタンを、リカバリモードの画面が表示されるまで同時に押し続け、「復元」をクリック。

なくしてしまったiPhoneを見つけ出す方法

解決策 「探す」アプリで探し出せる

iPhoneの紛失に備えて、iCloudの「探す」機能をあらかじめ有効にしておこう。万一iPhoneを紛失した際は、別のiPhoneやiPad、Macを持っているなら、iPhoneと同じApple IDでサインインした上で、「探す」アプリを起動する。「デバイスを探す」画面で紛失したiPhoneの名前をタップすると、そのiPhoneの現在位置をマップ上で確認できるはずだ。iPhoneがオフラインの状態であっても、設定で「"探す"のネットワーク」や「最後の位置情報を送信」がオンになっていれば、オフラインのiPhoneが発信するBluetoothビーコンで位置情報を取得したり、バッテリーがなくなる直前の最後の位置を確認することができる。

また、「紛失としてマーク」を利用すれば、即座にiPhoneをロック（パスコード非設定の場合は遠隔で設定）したり、画面に拾ってくれた人へのメッセージと電話番号を表示して、連絡してもらえるようにお願いできる。地図上のポイントを探しても見つからない場合は、「サウンドを再生」で徐々に大きくなる音を鳴らしてみる。発見が絶望的で情報漏洩阻止を優先したい場合は、「このデバイスを消去」ですべてのコンテンツや設定を削除してしまおう。

1 Apple IDの設定で「探す」をタップ

設定のApple IDをタップして「探す」→「iPhoneを探す」をタップ。なお「設定」→「プライバシー」→「位置情報サービス」のスイッチもオンにしておくこと。

2 「iPhoneを探す」の設定を確認

「iPhoneを探す」がオンになっていることを確認しよう。また、「"探す"のネットワーク」と「最後の位置情報を送信」もオンにしておく。

3 「探す」アプリで紛失した端末を探す

iPhoneを紛失した際は、同じApple IDでサインインした別のiPhoneやiPadなどで「探す」アプリを起動。紛失したiPhoneを選択すれば、現在地がマップ上に表示される。

4 サウンドを鳴らして位置を特定

マップ上のポイントを探しても見つからない時は、「サウンド再生」をタップ。徐々に大きくなるサウンドが約2分間再生される。

5 紛失としてマークで端末をロック

「紛失としてマーク」の「有効にする」をタップすると、端末が紛失モードになり、iPhoneは即座にロックされる。

6 情報漏洩を優先するなら消去

「このデバイスを消去」をタップすると、iPhoneのすべてのデータを消去して初期化できる。消去したiPhoneは現在地を追跡できなくなるので慎重に操作しよう。

iCloud.comでも探せる

パソコンやAndroid端末のWebブラウザやSafariでiCloud.com（https://www.icloud.com/）にアクセスし、「iPhoneを探す」画面を開いても、紛失した端末を探すことが可能だ。サウンドの再生や紛失モード、iPhoneの消去なども実行できる。

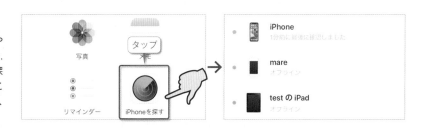

iPhone
完全マニュアル
2021

２０２１年４月３０日発行

編集人 清水義博
発行人 佐藤孔建

発行・　スタンダーズ株式会社
発売所　〒160-0008
　　　　　東京都新宿区四谷三栄町
　　　　　12-4 竹田ビル3F
　　　　　TEL 03-6380-6132

印刷所　株式会社シナノ

ご注文FAX番号　03-6380-6136

iPhone Perfect Manual 2021

Staff

Editor
清水義博（standards）

Writer
西川希典

Cover Designer
高橋コウイチ（WF）

Designer
高橋コウイチ（WF）
越智健夫

本書の記事内容に関するお電話での
ご質問は一切受け付けておりません。
編集部へのご質問は、書名および何
ページのどの記事に関する内容かを詳
しくお書き添えの上、下記アドレスまでE
メールでお問い合わせください。内容に
よってはお答えできないものや、お返事
に時間がかかってしまう場合もあります。
info@standards.co.jp